国家出版基金项目
NATIONAL PUBLICATION FOUNDATION

中国工程院重点咨询研究项目：2020-XZ-13
中国"站城融合发展"研究丛书

丛 书 主 编｜程泰宁
丛书副主编｜郑　健　李晓江
丛书执行主编｜王　静

站城融合之
城市交通衔接规划

Station-city Integration:
Urban Transport Connection Planning

王　炜　杨　敏　陈学武　著

中国建筑工业出版社

图书在版编目（CIP）数据

站城融合之城市交通衔接规划 = Station-city Integration：Urban Transport Connection Planning /
王炜，杨敏，陈学武著. —北京：中国建筑工业出版社，
2022.3
（中国"站城融合发展"研究丛书 / 程泰宁主编）
ISBN 978-7-112-26992-1

Ⅰ.①站… Ⅱ.①王… ②杨… ③陈… Ⅲ.①高速铁
路—铁路枢纽—关系—城市规划—建筑设计—研究—中国
Ⅳ.①TU984.191②U291.7

中国版本图书馆CIP数据核字（2021）第266948号

　　本书针对高铁枢纽交通系统运行效率低、服务质量差、生态环境乱这一现象，调研了国内外铁路客运枢纽运行情况，梳理形成了高铁枢纽交通设施建设无序、高铁枢纽交通功能设施规模供需失衡、高铁枢纽交通体系衔接不畅、高铁枢纽内部交通组织混乱、高铁枢纽规划建设管理缺乏技术支撑等五方面问题。通过梳理造成问题的深层次原因，本书提出了"一个技术体系、四个一体化技术"的相应对策，即统一标准的高铁枢纽交通系统规划建设与运行组织技术体系，高铁枢纽与城市交通需求一体化分析技术，高铁枢纽与城市多模式交通网络一体化布局技术，高铁枢纽运营、组织与管理一体化运维技术，高铁枢纽规划、建设与管理一体化决策支持技术，并逐层展开论述。

策划编辑：沈元勤　高延伟
责任编辑：武晓涛　王　惠　陈　桦
书籍设计：锋尚设计
责任校对：王　烨

中国"站城融合发展"研究丛书
丛书主编｜程泰宁
丛书副主编｜郑　健　李晓江
丛书执行主编｜王　静

站城融合之城市交通衔接规划
Station-city Integration: Urban Transport Connection Planning
王　炜　杨　敏　陈学武　著
*
中国建筑工业出版社出版、发行（北京海淀三里河路9号）
各地新华书店、建筑书店经销
北京锋尚制版有限公司制版
北京雅昌艺术印刷有限公司印刷
*
开本：880毫米×1230毫米　1/16　印张：12¼　字数：323千字
2022年6月第一版　　2022年6月第一次印刷
定价：**119.00**元
ISBN 978-7-112-26992-1
（38785）

丛书编委会

研究团队

研究负责人

王 炜　　　　　东南大学

咨询专家

毛保华　　　　　北京交通大学
李鹏林　　　　　交通运输部规划研究院
程世东　　　　　国家发改委综合运输研究所
王 峰　　　　　杭州市城市规划设计研究院
凌小静　　　　　中咨城建设计有限公司
田 锋　　　　　深圳市城市交通规划设计研究中心股份有限公司
邓润飞　　　　　华设设计集团股份有限公司
崔 叙　　　　　西南交通大学
王亿方　　　　　上海市城市综合交通规划科技咨询有限公司
殷广涛　　　　　中国城市规划设计研究院
叶 敏　　　　　中国城市规划设计研究院
杨元祥　　　　　林同棪国际工程咨询（中国）有限公司

各章撰写人员

第 1 章　　　　　王 炜　陈学武　华雪东
第 2 章　　　　　杨 敏　华雪东　王哲源　姜 凡　黎 彧　黄世玉
　　　　　　　　　任怡凤　阮欣培
第 3 章　　　　　任 刚　钱 叠　诸 赛　孙文婷
第 4 章　　　　　杨 敏　王哲源　姜 凡　黎 彧　黄世玉　任怡凤
　　　　　　　　　阮欣培　李佳骏
第 5 章　　　　　陈学武　郑姝婕　张锦阳　齐 超　程剑珂
第 6 章　　　　　李志斌　王秉通　刘田源　唐 莎
第 7 章　　　　　王 炜　华雪东　屠 雨　李东亚　郑永涛　于维杰
第 8 章　　　　　王 昊　陈昊晟　丁雪琪　贾淳媛　张 倩

总序

在国土空间规划体系改革、铁路网络重构的背景下，我国城市建设和铁路网络建设迎来关键的转型发展期。为促进高铁建设与城市建设的融合发展，2014年国务院办公厅印发《关于支持铁路建设实施土地综合开发的意见》（国办发〔2014〕37号），2018年国家发展改革委、自然资源部、住房和城乡建设部、中国铁路总公司联合印发《关于推进高铁站周边区域合理开发建设的指导意见》（发改基础〔2018〕514号），明确了铁路车站周边地区采用综合开发的方式，希望形成城市发展与铁路建设相互促进的局面。2019年国家发展改革委发布《关于培育发展现代化都市圈的指导意见》（发改规划〔2019〕328号），2020年国家发展改革委等部门联合发布《关于支持民营企业参与交通基础设施建设发展的实施意见》（发改基础〔2020〕1008号），进一步指出都市圈建设中基础设施与公共服务一体化的方向，并在政策层面对交通基础设施的综合开发、多种经营予以支持。在我国建设事业高质量转型发展的背景和政策引导下，"站城融合发展"已成为热点并引发广泛的关注。

站城融合发展的重要意义在于它对城市发展和高铁建设所产生的"1+1＞2"的相互促进作用。对于城市发展而言，高铁站点的准确定位与规划布局将有助于提升城市综合经济实力、节约土地资源、促进城市更新转型；对于铁路建设来讲，合理的选址与规划布局可以充分发挥铁路运力，促进高铁事业快速有效发展；从城市群发展的角度来看，高速铁路压缩了城市群内的时空距离，将极大地助力"区域经济一体化"的实现。因此，在国土空间规划体系转型重构和"区域一体化"迈向高质量发展的关键时期，"站城融合发展"的提出具有极为重要的意义。

在我国，近年来城市与铁路的规划建设中，已反映出对"站城融合发展"的诸多探索和思考。一些重要的大型枢纽车站的规划建设，已经考虑了与航空、城际交通、城市交通等多种交通网络的衔接，考虑了所在城市区域的经济发展和产业布局的需求；在一些高铁新站的建筑设计中，比较重视站城功能的复合、高铁与城市交通系统的有机衔接，以及站城空间特色的塑造等，出现了一些较好的设计方案。这些方案标志着我国的铁路客站设计跨入了一个新的阶段，为"站城融合"的进一步提升和发展打下了很好的基础。

然而，由于规划设计理念以及体制机制等诸多原因，"站城融合发展"在理论研究、工程实践和体制机制创新等方面，仍存在诸多问题值得我们重点关注：

　　1. "站城融合发展"是一种理念，而不是一种"模式"。由于外部条件的不同，"融合"方式会有很大差异。规划设计需要考虑所在城市的社会经济发展阶段，根据城市规模与能级、客流特点、车站区位等具体情况，因地制宜、因站而异地做好规划设计。"逢站必城"，有可能造成盲目开发，少数"高铁新城"的实际效果与愿景反差巨大，值得反思；至于受国外案例影响，拘泥于站房与综合开发建筑在形式上的"一体"，并由此归结为3.0、4.0版的模式，更容易形成误导，反而弱化了对城市具体问题的分析和应对。因地制宜、因站制宜永远是"站城融合发展"的最重要的原则。

　　2. 交通组织是站城融合发展的核心问题。高铁车站是城市内外交通转换的关键地区，做好高铁与城市交通网络的有效衔接是站城融合的关键。它是一个包含多重子系统的复杂系统，其中有诸多关键问题需要我们通过深入的分析，在规划设计中提出有针对性的解决方案，例如，对于大型站而言，如何处理好进出站交通与城市过境交通分离，就是当前很多大站设计需要解决的一个重要问题。当前，我国城际铁路、市郊铁路已开始进入快速发展的时期，铁路与城市交通之间的衔接将会更加密切而复杂，铁路与城市交通的一体化设计应引起我们更多的关注。

　　3. 对于国外经验要有分析地吸收。由于国情、路情不同，我国的"站城融合发展"会走一条不同的路。尤其是近期，相较于欧洲及日本等国家和地区的高频率、中短距的特点，我国铁路旅客发送量、出行频次、平均乘距特征等差异明显；我国客流在一定时期内仍将存在"旅客数量多，候车时间长，旅行经验少，客流波动大"的特点。这些，将在很长一段时期内继续成为我们规划设计中必须考虑的重要因素，因此，我们不能简单套用国际经验，必须结合自身情况，研究适合我国"站城融合发展"特征的规划设计理论，并在实践中不断探索创新。

　　4. 对于大型站，特别是特大站而言，"站城融合发展"带来比过去车站更为复杂的建筑布局，以及防火、安全等更多棘手的技术问题。在建筑设计中，需要针对具体条件和场地特征，在站型设计、功能配置、空间引导，以及流线细化等方面，突破经验思维的惯性，有针对性地开展精细化设计，探索富有前瞻性、创新性的设计方案。例如，重视建筑空间的导向性以及标识系统的设计，更细致地思考出入站旅客的心理需求和行为方式，就是目前大型铁路客站建筑设计中需要关注的一个问题。

5. 在国家"双碳"目标的重大战略指引下，铁路站房综合体建设的节能节地问题亟需引起关注。在规划设计和站型选择上，需要研究探索站房站场的三维立体、多业态复合等设计方法，以达到集约高效的目标；在节能技术方面，需结合站房建筑体量巨大等特点，有针对性地开发相应的技术和新能源材料，以满足不断更新的站房建筑的设计需求。

6. "站城融合发展"需要以科学、务实的上位规划为基础，开发强度应避免盲目求大；同时，规划要有时序性，注意"留白"，避免由于"政绩观"导致的"毕其功于一役"的思想和做法，致使大量土地和建筑闲置。规划设计需考虑近远期结合，以形成良性的可持续发展态势。

7. 高铁站房综合体不仅是城市重要的交通节点，也是城市人群活动聚集的场所，承担着文化表达、商务服务和城市形象等功能。因此，结合城市的特色与文脉，打造彰显地域文化的城市空间，是提升客站建筑品质的重要指标。铁路客站建筑设计已不是一个单体的立面造型问题，而是一个空间群组的建构。设计中要充分考虑城市整体空间形态、山水特征和文脉转译，通过建筑创作的整体思考，形成站域空间和文化特色的深度融合。

8. "站城融合发展"需要铁路与城市部门的密切合作和市场化机制的引入。目前，铁路枢纽规划由铁路部门主导，城市规划则由地方政府主管，由于两者目标的差异性和建设周期的不匹配，以及相关法律和技术准则等协调机制的缺乏，两项规划有时会出现脱节。由此所引发的诸如车站选址、轨顶标高确定等一系列问题，为后期实施中的合理解决增加了难度。由于部门界限，车站建设和周边开发往往强调边界切割；市场化运营机制不够完善，也不利于形成有效的多元投融资和利益分配机制，使得我国更好实现"站城融合发展"步履维艰。因此，通过体制机制创新和市场化机制的探索，使有关各方的利益得到平衡，形成多部门协作的规划建设运营模式是站城融合能否得到良性健康发展的关键。

"站城融合发展"是一个复杂的巨系统，整体性思维极其重要。在规划、建设、运营的各环节中，都需要从"站城融合发展"的理念出发，进行综合整体的思考。应该说，"站城融合发展"是一个既复杂、同时也有着巨大探索空间的命题；特别是这一命题所具有的动态发展的态势，需要我们在理论研究和工程实践中不断地进行思考、探索和创新。

针对"站城融合发展"相关问题，中国工程院于2020年立项开展了重点咨询研究项目《中国"站城融合发展"战略研究》（2020-XZ-13）。研究队伍由中国工程院土木、水利与建筑工程学部（项目联系学部）和工程管理学部的8名院士领衔，吸收了来自地方和铁路方的建筑、规划、土木、交通、工程管理等学科和领域的众多专家，以及中青年优秀学者参加。研究成果编纂成丛书，分别从综合规划、交通衔接设计、城市设计和建筑设计等不同角度阐述中国的站城融合发展战略。希望本丛书的出版，能为我国新时期城市与铁路建设的融合发展提供思考与借鉴。

程泰宁

2021年4月

前言

改革开放以来，为促进国民经济全面、快速、高质量发展，我国开展了大规模的交通基础设施建设。经过近40年努力，我国已经成为"交通大国"，高速公路里程、高速铁路里程、千米跨径大桥数量、大型集装箱港口数量都居世界第一。特别是我国铁路建设突飞猛进，2020年底，高铁运营里程3.8万公里，超过全世界高铁运营里程的2/3，高铁已经成为中国的"国家名片"。高速铁路的快速发展，大大推动了我国的城镇化进程，促进了城乡一体化，同时，也对我国的东部、西部国民经济平衡发展产生了重大影响。

高速铁路通过高铁枢纽把沿线城市连成一体，高速铁路对国民经济发展的重大作用需要通过高铁枢纽来体现。高铁枢纽既是旅客出行换乘的交通节点，也是铁路网络的重要支点，是城市对外联系的纽带，它将高铁建设带来的社会经济效益辐射至周边地区、整个城市，乃至整个区域。高铁枢纽更是城市的一个组成部分，在站城融合发展背景下，高铁枢纽及周边地区的土地功能发生了根本性变化，除了交通，还兼有商务、生活、休闲、娱乐等衍生功能，对整个城市的出行生成、分布与交通结构产生了显著影响。因此，高铁枢纽具备了多重复合功能，是激发城市活力、带动经济发展的重要引擎。高铁枢纽在城市综合交通体系中的作用是什么？面对综合交通体系高质量发展与站城融合新要求，如何进行高铁枢纽与城市交通、城际交通、区域交通的一体化衔接？这是我国高铁枢纽建设中需要探讨的核心问题。

高铁枢纽在城市发展中的作用越来越明显，但各城市在高铁枢纽规划建设与运行管理中存在诸多问题，造成了"高铁很快，进出站很慢"的局面，高铁带来的快速通行效益被两端的交通问题所抵消。

课题组针对高铁枢纽交通系统的运行效率低、服务质量差、生态环境乱这一现象，通过调研国内外铁路客运枢纽运行情况，对造成问题的深层次原因进行了系统梳理，提出了以下五个方面的问题成因以及解决问题的相应对策。

（1）高铁枢纽交通设施建设无序。我国尚无针对性的高铁枢纽交通规划设计规范，规划设计单位"八仙过海、各显神通"，规划方案"五花八门"。建议出台"高铁枢纽交通系统规划设计技术指南"，形成统一标准的高铁枢纽交通系统规划建设与运行组织技术体系。

（2）高铁枢纽交通功能设施规模供需失衡。高铁枢纽客流特征、交通需求总量及交通方式结构分析不准确，交通功能设施的一些重要规模指标往往是"拍脑袋"确定的，缺乏量化分析依据。建议形成一套高铁枢纽与城市交通需求一体化分析技术。

（3）高铁枢纽交通网络衔接不畅。高铁枢纽周边道路交通网络与高铁枢纽客流交通方式结构不匹配，多模式交通网络之间不协调，道路交通管理与枢纽分离，造成人流、车流进出枢纽困难。建议形成一套高铁枢纽与城市多模式交通网络一体化布局技术。

（4）高铁枢纽内部交通组织混乱。高铁站落客平台交通组织、枢纽内部交通组织、引导系统设计与流线设计不合理，内部管理混乱，商业广告琳琅满目，交通指示标志不清，旅客在车站内往往"找不到北"。建议形成一套高铁枢纽运营、组织与管理一体化运维技术。

（5）高铁枢纽规划建设管理缺乏技术支撑。高铁枢纽高质量发展需要对高铁枢纽的交通功能设施建设、内外交通网络衔接、内部交通组织管理等方案进行定量化、精准化的分析与科学评估，目前尚无这方面的关键技术。建议形成一套高铁枢纽规划、建设与管理一体化决策支持技术。

我们认为，高铁枢纽高质量发展的当务之急是形成统一标准的高铁枢纽交通系统规划建设与运行组织技术体系，对高铁枢纽在城市中的功能定位、规划目标、规划设计内容、规划设计流程、重要规模指标的确定依据、技术分析方法等进行界定，而该技术体系的构建需要"四个一体化技术"的支撑。

限于作者水平，书中错误难免，敬请读者批评、指正。

2021 年 9 月

目录 Contents

第 1 章　高铁枢纽及其站城融合发展概述　001

　1.1　高铁枢纽的定义与基本分类　002

　1.2　高铁枢纽在城市综合交通体系中的功能与定位　003

　1.3　城市综合交通体系高质量发展与"站城融合"新要求　006

　1.4　当前高铁枢纽发展中存在的问题与解决对策　010

　本章参考文献　016

第 2 章　高铁枢纽与城市交通衔接现状与分析　017

　2.1　我国高铁枢纽的总体分布特征　018

　2.2　国内大城市高铁枢纽的网络特征分析　020

　2.3　枢纽网络衔接的指标特征分析　032

　2.4　典型枢纽实地调查分析　038

　2.5　高铁枢纽的问题诊断　051

　本章参考文献　055

第 3 章　高铁枢纽与城市交通衔接经验借鉴　057

　3.1　案例分析　058

　3.2　经验借鉴　073

　3.3　一体化衔接的关键要素剖析　075

　本章参考文献　076

第 4 章　高铁枢纽与城市交通衔接的客流预测　　077

　4.1　传统高铁枢纽与城市交通衔接的客流预测　　078

　4.2　"站城融合"视角下的客流预测　　082

　4.3　高铁枢纽旅客到离站交通方式结构预测　　087

　本章参考文献　　092

第 5 章　高铁枢纽衔接城市交通网络的布局与优化　　095

　5.1　高铁枢纽衔接城市交通的模式选择　　096

　5.2　高铁枢纽衔接城市交通网络布局　　103

　5.3　站城融合背景下高铁枢纽衔接城市交通网络的优化策略　　107

　本章参考文献　　115

第 6 章　高铁枢纽与城市交通衔接组织设计　　117

　6.1　高铁枢纽交通组织与引导系统设计　　118

　6.2　高铁枢纽与公共交通一体化衔接设计　　124

　6.3　高铁枢纽交通流线设计　　129

　6.4　站城融合下高铁枢纽一体化组织设计　　133

　本章参考文献　　136

第 7 章　高铁枢纽交通衔接系统仿真与评价　　139

　　7.1　站城融合视角下的高铁枢纽交通衔接系统仿真　　140

　　7.2　高铁枢纽交通衔接系统宏观仿真　　144

　　7.3　高铁枢纽交通衔接系统微观仿真　　149

　　7.4　站城融合视角下的高铁枢纽交通衔接系统评价　　153

　　本章参考文献　　158

第 8 章　南京南站站城交通衔接案例　　161

　　8.1　南京南站枢纽概况　　162

　　8.2　南京南站客流特征　　162

　　8.3　南京南站影响区交通出行特征　　164

　　8.4　南京南站换乘系统　　166

　　8.5　南京南站落客坪交通特征　　168

　　8.6　南京南站与城市交通一体化衔接优化　　170

图表来源　　179

1

第 1 章

高铁枢纽及其站城融合发展概述

1.1 高铁枢纽的定义与基本分类

1.2 高铁枢纽在城市综合交通体系中的功能与定位

1.3 城市综合交通体系高质量发展与"站城融合"新要求

1.4 当前高铁枢纽发展中存在的问题与解决对策

随着我国高速铁路建设进程的不断推进，我国已经成为全世界高速铁路营运里程最长、在建规模最大的国家。作为服务于铁路运输的高铁枢纽，既是旅客出行换乘的交通节点，在这里完成客流的到达、离开与转换；也是铁路网络的重要支点，是城市对外联系的纽带，它将高铁建设带来的效益辐射至周边地区、整个城市，乃至整个区域；更是城市的一个组成部分，在站城融合发展背景下，高铁枢纽及周边地区的土地功能发生了根本性变化，除了交通功能，还兼有商务、生活、休闲、娱乐等衍生功能，对整个城市的出行生成、分布与交通结构产生了显著影响[1]。如何定义高铁枢纽？高铁枢纽在城市综合交通体系中的作用是什么？"站城融合发展"理念下高铁枢纽的功能又有哪些新特点？面对城市综合交通体系高质量发展与"站城融合"新要求，当前高铁枢纽发展中存在哪些突出问题？应对之策是什么？这是我国站城融合发展中"站城交通一体化"需要首先探讨的问题。

1.1
高铁枢纽的定义与基本分类

高铁枢纽是综合交通枢纽的类型之一。综合交通枢纽是指在两种或两种以上交通运输方式交通线路的交汇处，为实现相关交通运输方式旅客与货物的到达、发送、中转并提供相应服务而兴建的交通运输基础设施。这里的交通运输方式是指铁路、公路、水运、航空、管道五大运输方式以及城市交通（包括城市道路交通与城市轨道交通）。只承担旅客的到达、发送与中转功能并提供相应服务的综合交通枢纽称为综合客运枢纽。

高铁枢纽是高铁综合客运枢纽的简称，是以高铁客运站为核心，以完成城市内外客流集散与中转为目标，集多种城市内外交通功能于一体的交通基础设施。高铁枢纽主要涉及铁路客运、公路客运、城市道路交通、城市轨道交通等交通运输方式，部分大型高铁枢纽还会涉及航空、水运等交通方式。

高铁枢纽主要有以下三种分类方法：

1）按客流规模结构分类

根据高铁枢纽所服务的客流规模结构特征，可分为长途低频客流主导型、中短途高频客流主导型两类。

（1）长途低频客流主导型枢纽

此类枢纽以交通节点功能为主导，满足交通集散、候车及长途换乘需求，车站以满足旅客群体即时服务需求为主要目标，包括：交通换乘、候车集散、餐饮零售、酒店住宿等。

（2）中短途高频客流主导型枢纽

此类枢纽兼具交通节点功能及城市场所功能，高铁客运站除具备自身服务配套功能外，还会在周边地区产生衍生功能，包括：高效换乘、商务办公、会务会展、休闲娱乐等。

2）按车站地区价值分类

根据高铁客运站影响范围内的不同用地功能占比，可分为区域型、城市型、交通型三类。

（1）区域型枢纽

此类枢纽一般位于城市中心区边缘，多属于新建地区，如上海虹桥站，主要面向区域出行人群需求，枢纽周边会涌现大量的区域性功能平台和高档次设施。

（2）城市型枢纽

此类枢纽一般位于城市中心地区，如上海站、南京站等，周边商务功能和住宅功能相对成熟，以城市型服务为主。

（3）交通型枢纽

此类枢纽一般位于城市郊区，如上海松江南站，客运站和客流规模较小，周边功能开发较少，功能业态单一，以交通和集散功能为主。

3）按车站区位分类

根据高铁客运站位置与中心城区的距离，可分为中心型、边缘型、外围型三类。

（1）中心型枢纽

此类枢纽通常位于城市中心区内部，如杭州站，作为带动老城复兴的活力中心，与周边城市空间开发呈现出高密度、立体化发展特征。

（2）边缘型枢纽

此类枢纽通常位于城市中心区以外的建成区，如苏州北站，与传统城市中心有一定距离，期望利用枢纽的带动和链接效应，来促进新区发展，甚至成为城市的副中心。

（3）外围型枢纽

此类枢纽通常距离城市中心较远，位于城市已有建成区以外，如黄花机场站（尚在建设中）。此类枢纽距离主要客流腹地较远，站城融合度较低，以交通功能为主，车站周边功能业态能级较低。

1.2
高铁枢纽在城市综合交通体系中的功能与定位

高铁枢纽是城市综合交通体系的重要组成部分，是由若干城市对外和内部客运交通方式相互衔接的、具有综合换乘功能的场所，是连接城市对外客运和市内客运以及公共交通内部衔接换乘的重要环节。由于高铁枢纽是枢纽型、功能型、复合型的客流集散节点，必然对城市综合交通网络的构建以及综合客运枢纽系统的运行组织产生重要的影响。[2]

1.2.1 高铁枢纽在城市综合交通网络中的作用

高铁枢纽作为城市综合交通网络中的重要节点，具有城市对外交通与城市内部交通之间的相互衔接与综合转换等功能，在提升城市内外交通综合运输效率、引领城市多模式公共交通网络构建、强化城市交通区位优势等方面发挥着重要作用[3]：

1）提升城市内外交通综合运输效率

高铁枢纽是城市综合交通体系的重要组成部分。高铁建设一方面为所在城市增加了一种新的长距离出行交通方式，为所在城市及其连接城市的居民跨城市出行提供了高效、便捷的交通运输服务。另一方面，在城市发展过程中，由于各个地区以及城市的发展背景和经济特征不同，经济发展水平也不平衡，高铁建设缩短了城市间的时空距离，增强了城市间的交通联系，为经济发达城市带动经济欠发达地区的发展提供了强有力支撑。同时，由于高铁枢纽具有多种交通方式综合转换的特点，通过高铁枢纽地区的综合交通设施建设能够合理地吸引或疏导区域交通流，由此构建良好的综合换乘体系，提升城市内外交通综合运输效率。

2）引领城市多模式公共交通网络构建

高铁枢纽是城市多模式公共交通网络的重要支撑点。城市多模式公共交通网络通常由市域（郊）铁路、地铁、轻轨、有轨电车、无轨电车、公共汽车、出租汽车等具有不同技术经济特性的交通网络优化组合形成，以满足不同层次不同类别的出行需求。高铁枢纽作为城市内外客运衔接换乘以及城市内部公共交通转换的核心场所，在城市多模式公共交通网络的构建中起着重要的引领作用。

3）强化城市交通区位优势

高铁枢纽具有拉动城市发展的引擎作用，将带来功能板块、道路交通和中心体系等一系列城市结构的优化与调整。随着高铁枢纽的建成通车，高铁所在城市的交通区位优势不断增强：一方面，大量的就业人员、资金、信息、技术等生产要素不断向城市集聚；另一方面，金融、保险、商贸流通等高层次服务业以及总部经济等也会逐渐向该城市集聚，从而进一步强化了集聚效应，促进城市门户与活力中心的形成。

1.2.2 高铁枢纽在城市客运枢纽系统中的功能定位

城市客运枢纽系统是由不同类型、不同规模的客运枢纽构成的有机体，各枢纽间既相互独立又存在分工协作的关系[4]。根据《城市综合交通体系规划标准》GB/T 51328—2018，城市客运枢纽按其承担的交通功能、客流特征和组织形式分为城市综合客运枢纽和城市公共交通枢纽两类[5]。城市综合客运枢纽服务于航空、铁路、公路、水运等对外客流集散与转换，可兼顾城市内部交通的转换功能，主要以对外交通为主，其目标是实现对外交通与城市内部交通的一体化衔接。城市公共交通枢纽服务于以城市公共交通为主的多种城市客运交通之间的转换，以城市内部交通为主，其目标是通过多方式间的换乘提高乘客出行的可达性，同时加强城市各组团之间的联系，促进城市各功能中心的共同发展。

高铁枢纽作为城市重要的对外交通枢纽，是城市与外界联系的重要节点，也是实现城市对外交通与城市内部交通转换的重要场所。但不同规模城市的高铁枢纽在综合客运枢纽系统中的功能作用却不尽相同。

依据城市内分担对外客流集散的枢纽个数，城市高铁枢纽可分为多枢纽分担模式和单枢纽分担模式两类。多枢纽分担模式通常见于特大城市及大城市，又可细分为分线多站模式和联动多站模式，单枢纽分担模式通常见于中小城市，又称集中设站模式。

1）多枢纽分担模式

对于特大城市、大城市，由于城市人口众多，土地开发强度大，经济发展更有活力，与外界的沟通联系也更为密切，因而对外出行需求很高，仅靠单一枢纽难以满足乘客的出行需求，因此往往建有多个高铁枢纽，并与航空枢纽、客运港口枢纽和公路客运枢纽共同分担对外客流。

分线多站模式主要是指城市内的几个高铁枢纽相对独立，分别服务于不同线路，以北京为例，北京目前最主要的三个高铁枢纽是北京站、北京西站和北京南站。北京站主要服务于前往东北三省以及河北北部方向的高铁动车，北京西站主要是服务于京广高铁以及西南、西北方向的高铁列车，北京南站主要是服务于京津城际铁路、京沪高铁，以及前往浙江、福建方向的高铁列车。

联动多站模式则指各条线路在城市外围通过不同的线路接入到不同的枢纽中。该模式使得城市内各个枢纽彼此产生联系，不再独立，因而更为灵活，运输效率更高，乘客出行也更为便捷。以上海为例，上海目前最主要的三个高铁枢纽是上海站、上海南站和上海虹桥站。上海站位于上海城区，上海南站和上海虹桥站处在城市外围，分别位于上海南部和西部。京沪高铁同时接入了上海站和上海虹桥站，沪杭客运专线同时接入了上海南站和上海虹桥站。

2）单枢纽分担模式

对于中小城市，由于城市人口、土地规模较小，抑或是城市经济能力有限，往往无法也没必要建设多个大型交通枢纽。这些城市与外界的沟通联系也比较有限，对外出行需求远小于大城市，因此通常是将各条铁路线在单个枢纽处汇集，依靠单个枢纽分担城市对外客流，所以也称为集中设站模式。

通常而言，中小城市没有足够的经济实力运营维护大型机场，即使建有机场，航线也较少，航空运输的可达性十分有限。因此高铁枢纽往往承担了中小城市主要的中长距离对外客流，是此类城市对外联系的重要节点，有助于中小城市与周边大城市的交互往来，从而依靠大城市丰富的资源使自身得到充分发展。例如：目前很多大城市、特大城市正在构建的"一小时都市圈"，目的就是在于加强大城市、特大城市对周边中小城市的带动作用。

1.3
城市综合交通体系高质量发展与"站城融合"新要求

进入21世纪以来，我国铁路交通行业快速发展，并取得了举世瞩目的成就。截至2020年，全国铁路营业里程14.6万km，其中高速铁路3.8万km，已经成为全球高速铁路运营里程最长的国家。预计到2025年，全国铁路营业里程将达到17万km，其中高速铁路5万km。

随着高铁枢纽建设在城市及区域经济发展中的重要性不断提升，对高铁枢纽及其周边区域交通系统的规划设计、运行组织及系统管理等关键技术的探索受到广大学者关注，国家也给予了相关政策支持与科技研发资金的投入，初步形成了以北京南站、南京南站等为代表的新一代铁路客站。相比传统的铁路火车站，新一代铁路客站的运行效率已有了很大提升，但对比城市居民便捷、高效、安全的出行要求仍有较大差距。在全国贯彻"创新、协调、绿色、开放、共享"高质量发展理念的背景下，高铁枢纽建设也迎来了基于站城融合理念的升级换代需求。如何面对"站城融合发展"所带来的机遇与挑战，在迎接新高铁时代的同时，解决当前站城融合新模式下的交通问题值得深思。

高铁枢纽站城融合不仅仅是设计理念的创新，更是机制体制的创新，是需求引发的体系创新。本书基于当前高铁枢纽及其周边区域在站城融合中存在的问题，梳理高铁枢纽站城一体化的功能定位，研究站城一体化交通需求特征，提出服务站城一体发展的技术体系，平衡枢纽交通功能设施规模供给与交通需求，优化枢纽衔接交通网络布局，完善枢纽内部交通组织管理，建立"站城融合"模式下高铁枢纽规划-建设-管理一体化决策支持平台。

1.3.1 综合交通体系高质量发展国家战略需求

自20世纪90年代起，我国就开始了高铁技术的研发，进入21世纪，特别是"十一五"以来，在扩大内需的政策支持下，按照"引进、消化、吸收、再创新"的技术路径，我国高速铁路发展取得了显著成绩。2004年，国务院审议通过《国家中长期铁路网规划》，规划建设"四横四纵"客运专线，设计速度指标200km/h以上，意味着我国高铁建设进入新阶段。高速铁路的快速发展，大幅改善了我国传统铁路运输低效、低端、低档的三低局面，极大提升了区域间资源要素流动效率，对于带动区域经济社会发展，特别是推进城镇化、同城化发展发挥了重要作用。

随着高铁网络的建设以及高铁技术的发展，为了进一步提升出行总体效率，高铁枢纽作为出行端点，其高效率运营组织管理成为国家关注的新方向。在综合客运枢纽一体化建设方面，2013年国家发改委颁布《促进综合交通枢纽发展的指导意见》，要求按照"零距离换乘"理念将各种城市交通设施与对外交通方式紧密衔接，鼓励采取开放式、立体化模式建设交通枢纽，尽可能实现同站换乘，优化换乘流程，缩短换乘距离，提高换乘水平。在交通枢纽内部组织及外部联系一体化方面，2020年交通运输部印发《关于推动交通运输领域新型基础设施建设的指导意见》，开始推动旅客联程运输服务设施建设，鼓励建设自助行李直挂、票务服务、安检互认、标识引导、换乘通道等服务设施，实现不同运输方式的有效衔接。2021年中共中央、国务院印发《国家综合立体交通网规划纲要》，重点关注多交通方式间的融合，提出需要加强衔接协调，提升服务品质，增强系统韧性，构建布局完善、便捷高效、绿色集约、安全可靠、经济惠民的现代化高质量国家综合立体交通网。

硬件设施与技术体系的更新完善，也带来了思想理念方面的进步，高铁枢纽站城融合新理念开始萌芽并逐步被大众接受。早在2016年国家发改委印发《关于打造现代综合客运枢纽提高旅客出行质量效率的实施意见》就指出，在保障交通功能的前提下，有序拓展综合客运枢纽的城市服务和产业服务功能，促进交通功能与商业功能融合互动，加强地上地下空间综合开发利用。2018年国家发改委等4部门共同发布《关于推进高铁站周边区域合理开发建设的指导意见》，要求高铁车站周边开发建设要突出产城融合、站城一体，在城市功能布局、综合交通运输体系建设、基础设施共建共享等方面同步规划、协调推进。随后在2019年，中共中央、国务院印发《交通强国建设纲要》，提出推进综合交通枢纽一体化规划建设，按照站城一体、产城融合、开放共享的原则，综合客运枢纽站场应统一规划、统一设计，科学合理确定建设规模。此外，在保障站城融合新理念的落实方面，国务院、国家发改委等部门也发布了包括《关于改革铁路投融资体制加快推进铁路建设的意见》《关于推动都市圈市域（郊）铁路加快发展的意见》等文件，明确了高铁客运站一体化融合开发的主体、原则、权责、监管和协调等关键性内容。

站城融合理念成为当下以及未来我国高铁枢纽发展与建设的主流，枢纽与城市交通网络的高效衔接、枢纽节点处交通需求的高效组织、枢纽周边土地利用的综合开发等国家战略要求的提出，将会进一步激发高铁枢纽与城市间的交融关系，也必将对站城融合理念下的交通系统提出新的要求。

1.3.2　站城融合下高铁枢纽建设的新要求

1）站城融合新理念，提出了高铁枢纽建设新要求

站城融合的表征在空间，核心是功能，重点为融合。在站城融合新理念下，对交通运行、空间组织、功能复合、城市发展均提出了新要求，具体体现在交通便捷可达、空间功能融合、土地综合开发三方面。

（1）交通便捷可达。站城融合理念的落实，首先需要交通系统的便捷性予以保证。客站内流线顺畅、换乘便捷，客站外人车分流、接驳高效，内联外通的交通系统是站城融合理念实践的首要要求。

（2）空间功能融合。空间与功能层面的融合，是保证站城融合实现的关键所在。通过将客站空间向城市开放，城市空间同时介入客站之中，使得高铁基础运输功能、城市交通功能、城市其他功能高度复合，产生集聚效应，形成相互融合的环境体系和空间结构。

（3）土地综合开发。交通效率与空间功能方面的要求，最终需要在土地开发层面予以基础支持。考虑到高铁枢纽的运营涉及面广，只用通过对站城范围内土地的综合开发，以多主体参与、多项目联合、集群式推动的形式，才能最大化发挥资源价值，并支撑各类功能实现，迎合站城融合理念。

2）站城融合新要求，引发了高铁枢纽建设新变局

站城融合理念在提出了新要求的同时，也将对站与城关系、站城与周边关系、站城需求与交通需求关系带来新变局。相比传统的高铁枢纽规划、建设与组织理念，站城融合新理念将强化与明确

站的地位，并通过交通运营与服务层面提升，彻底转变与形成站与城之间的融合关系。

（1）确立以高铁站为中心。充分发挥高铁站的枢纽效应，改变站与城的孤立服务格局。通过构建便利便捷的换乘条件，增强高铁枢纽处不同交通方式间的联系；以高铁站为核心，重构高效衔接的交通网络，减少方式间转换的时空距离，优化系统资源，形成以站为中心的交通聚集与功能辐散体系。

（2）优化交通运营服务。以系统整体效率提升为目标，改变站与城的零散服务格局。整合高铁站与周边交通服务，调整优化交通系统运营模式，缩短到/离站旅客的等待与换乘时间；改善枢纽内/外部设施组织，整合交通指引体系，进一步简化旅客进出站流程，缩短旅客无用在站时间，提升高铁枢纽资源运转效率。

（3）统筹设施互动衔接。最大化利用站城时空资源，改变站与城的无序服务格局。在充分考虑区域总体规划基础上，从整体角度进行空间资源开发利用，合理制定开发利用时序，高效、统一衔接公共空间、交通体系及周边建筑，实现站域设施的互动衔接。

3）站城融合新变局，需要高铁枢纽建设新思路

传统的方法将高铁站作为静态、孤立的节点，在经典交通理论中体现站的交通需求并加以分析、优化与管理。然而由于站与城之间紧密的联系，导致传统的方法无法满足新要求，更带不来新变革。在站城融合新理念下，需要在站城协同发展思想的指引下，结合城市自身条件，依托铁路发展的溢出效应，因地制宜地采取措施实现高铁枢纽与周边区域协同发展的策略。通过高铁站带动城市、城市反哺高铁，一体化考虑站与城的交通需求、交通网络、交通组织的动态交融，提出系统整合新理念，重构站城秩序，谋求站城共生，指导形成一系列交通分析方法与分析流程。

1.3.3 站城融合下高铁枢纽的新特征

《雅典宪章》中把现代城市的功能定义为：居住、工作、游憩、交通。其中，交通是城市四大功能的基础支撑。交通源于社会活动的需求而产生，而社会活动需求又与城市土地开发利用息息相关。站城融合要求高铁枢纽不仅具有交通功能，更重要的是要兼具场所功能，而场所功能的发挥一方面要求高铁站周边土地的混合开发以满足商务、休闲等人群的活动需要，另一方面又要求根据高铁站周边土地开发情况配备良好的交通基础设施以保证可达性。因此，交通和土地利用深度融合是站城融合的关键。站城融合不应该是在客站建成后才开始与城市融合，而是从规划设计、施工建造到营运管理，从自然环境到人工环境的全过程融合和全方位融合。这就要求高铁枢纽应当和土地利用、城市交通统一规划、统一设计，实现新的国土空间规划体系下所要求的"多规合一"，强化国土空间规划对各专项规划的指导约束作用，推动站城关系走向协同共生。在站城融合发展要求下，高铁枢纽功能的新定位主要体现在以下几个方面：

1）拉近城市距离，满足差异需求

在区域层面，高铁枢纽可以提高城市之间的出行可达性，增加城市之间的相互联系，高铁枢纽不仅承担其作为交通枢纽的基本职能，同时还是各种产业要素（包括资本、技术、人才、原材料等）进

行跨区域流动的媒介载体。在城市内部层面，高铁枢纽融合了多层次的交通方式，对于城市内部交通运行而言是重要的客流"集""疏"节点。高铁枢纽提供的高效、便捷、人性化的连接体系及内部管理和空间设计不仅仅满足远途客运接驳需要，同时也满足综合交通方式组合下城市内部出行者的换乘需要及以枢纽为目的地的居民的出行需要。

2）整合城市功能，推动经济发展

与普通铁路旅客相比，高铁旅客具有明显的商务等高端特征，高铁旅客的需求特征决定了高铁枢纽对周边地区发展具有明显的带动作用，也就是进一步强化和提升了包括商务办公、零售商业、住宅等在内的城市服务业的发展。丹尼尔·克拉里斯认为，在现代公交系统的支撑下，21世纪铁路综合交通枢纽不再是单一的交通集散空间，而应该是对全市开放的交通出行与服务空间，是整合交通服务、商业、商务、文娱、会展和信息服务的城市新型功能混合区，并可以成为一种新型的社会文化经济交流地[6]。通过对高铁枢纽站场上加盖并与物业开发相结合，将车站纳入整个枢纽的城市综合体中，引入商业配套服务设施，包括办公、酒店、公寓、展览、公共活动空间等城市职能，一方面扩展了城市空间容量，与城市商业区融为一体；另一方面，通过打造功能融合的新型车站综合体，为旅客提供了丰富而全新的城市生活选择。车站因城市功能的聚集而丰富，城市依托高速铁路将功能延伸到更加广阔的空间[7]。

3）模糊站城界限，优化城市空间

站城融合模糊了车站的界限，车站已成为城市的一个重要组成部分，不再是传统的独立站房，车站空间和城市公共空间的功能共建，和自然空间相互渗透、相互交叉。

站城融合使得各类资源要素大量集聚在高铁枢纽区域，从而加强了该地区的城市功能要求，高铁枢纽对城市空间的影响主要包括三个方面[3]：

（1）既有城市空间的功能提升。表现为空间容量扩大，区域内部基础设施质量得到完善，城市品质得到提升。

（2）形成了新的城市空间。表现为出现了新的城市活动空间，各种城市职能在该区域中逐渐显现，成为人们新的停留或活动场所。

（3）形成了新的城市发展轴线。高铁枢纽建成后，依托既有市中心与新枢纽间的集疏运通道，特别是城市轨道交通与地面快速公交，使高铁枢纽与既有城市中心之间逐步成为新的高强度开发地带，最终形成了新的城市发展轴线。

4）构建城市客厅，塑造宜人景观

在"站城融合"背景下，通过结合城市历史文化特色所精心设计布局的高铁枢纽综合体建筑及其站前广场将成为城市新的地标，不仅可以作为城市会客厅，举办各类论坛、商业洽谈、演艺集会、文化交流等活动，同时也可以成为一道靓丽的风景线，成为游客观光游览的第一站以及当地居民平日休闲度假之所。

综上所述，随着高速铁路的网络化以及区域交通一体化发展，特别是在站城融合发展背景下，高铁枢纽已具有"节点"和"场所"双重功能，高铁枢纽已不仅仅承担其作为交通枢纽的基本职能，更重要的是成为整合城市空间，提供集商业、商务、文娱、办公、观光游览等各项城市功能的大型综合体，高铁枢纽与城市的关联效应将不断得到提升。

1.4
当前高铁枢纽发展中存在的问题与解决对策

1.4.1 当前高铁枢纽发展中存在的问题

高速铁路的快速发展，加速了我国城市化进程，以高铁客站为核心、集复合功能于一体的综合交通枢纽成为激发城市活力、带动城市经济发展的重要引擎。在发展过程中，高铁枢纽及周边地区逐步暴露出一些交通问题，并对周边乃至整个城市的稳定与高质量发展带来了影响。从站城融合的需求出发，找准高铁枢纽的交通功能定位以及周边土地开发、交通运营管理与交通网络间的衔接关系，强化交通系统对站城周边资源整合、网络优化与功能提升的引领作用，构建高铁枢纽与城市交通系统一体化融合的发展体系，是从根本上缓解高铁枢纽交通问题，实现旅客在高铁枢纽的高效与安全出行，全面支撑站城融合一体化发展的重要基础。

1）交通问题表现

为推动我国高铁枢纽的高水平建设与高质量发展，国家及相关部委颁布了《交通强国建设纲要》《国家综合立体交通网规划纲要》《关于推进高铁站周边区域合理开发建设的指导意见》等一系列战略性、纲领性文件，明确提出了站城融合理念，并在高铁枢纽发展、交通系统建设、旅客出行服务等方面提出了新要求。

但是，通过对高铁车站运行状况的调研表明，我国站城交通系统规划、建设、管理等诸多方面仍存在问题，突出表现在以下几个方面：

（1）高铁枢纽交通系统规划建设无序；

（2）枢纽内部交通功能设施规模失衡；

（3）枢纽与周边交通网络衔接不畅；

（4）枢纽内部交通运行组织管理混乱；

（5）枢纽的规划建设、运行组织与系统管理缺乏技术支撑等。

上述几方面的原因，直接导致高铁枢纽交通系统的运行效率低、服务质量差、生态环境乱的局面。

2）系统成因梳理

站城区域交通问题的产生源头多样，主要可归结为标准规范杂、特征把握粗、网络衔接差、交通组织乱与量化分析缺五大方面：

（1）标准规范杂。国内已经有近十个涉及高铁枢纽建设的规范、标准，如铁路部门制定的《铁路旅客车站设计规范》TB 10100-2018行业标准[8]、住房和城乡建设部制定的《城市综合交通体系规划标准》GB/T 51328-2018国家标准[5]、北京市制定的《城市综合客运交通枢纽设计规范》DB11 1666-2019地方标准[9]等，但还没有一个能系统覆盖高铁枢纽及周边区域的交通系统规划建设与运行管理的设计规范或标准，甚至连一个指南都没有。由于高铁枢纽建设涉及面非常宽，主管行业与部门很多，现有的规范、标准，都是从不同的行业需求对高铁站建设提出各种要求与限定，所以，不同行业制定的规范、标准对高铁站的理解、定位不同，对高铁站的功能要求也不同，空间布局要求、一些核心的规模指标也不同，有的甚至是冲突的。不同的规划设计单位在承担某一个高铁枢纽的规划设计时，根据自己对高铁枢纽交通功能与要求的理解，参考不同的规范、标准，"八仙过海、各显神通"，提出的高铁枢纽站城区域交通规划设计方案"五花八门"，很难达到站城融合的要求。

（2）特征把握粗。站城融合背景下高铁枢纽承担着"交通"与"场所"两重功能，高铁枢纽的交通需求特征完全不同于普通火车站的交通需求特征。首先，与普通铁路相比，高铁旅客具有明显的商务等高端特征，高铁旅客出行特征决定了高铁枢纽对周边地区的交通需求分布特征。其次，由于高铁枢纽的"场所"功能，高铁枢纽已经是城市空间的一个组成部分，承担着城市居民的商务、生活、休闲、娱乐等出行活动，这一特征决定了高铁枢纽吸引城市居民出行的总量及出行方式结构。但目前各规划设计单位在进行高铁枢纽交通设计时，对高铁枢纽客流特征把握不准确，交通需求分析缺乏科学依据，区域内交通功能设施的部分重要规模指标往往"拍脑袋"确定，造成了高铁枢纽建成后，发现一些重要交通基础设施（如停车场、地铁站、公交站、连接通道等）的规模、空间布局与高铁枢纽的交通需求量、交通结构不匹配，出现交通问题。

（3）网络衔接差。作为城市空间的一个组成部分，高铁枢纽应该与周边交通网络，甚至是整个城市的交通网络相协调。包括：高铁枢纽地面车辆落客平台与周边道路网络、城市交通网络的系统衔接；高铁枢纽公交站（线路）、地铁站（线路）与城市公共交通网络的系统衔接；高铁枢纽站内慢行交通方式与周边城市道路慢行交通系统的衔接等。高铁枢纽与城市交通系统的网络衔接，必须建立在整个影响区域交通网络系统规划的基础上，根据高铁枢纽交通需求总量与客流出行方式结构，与枢纽内部交通网络、影响区域交通网络的系统匹配进行网络布局，以实现高铁枢纽与城市交通网络的无缝衔接。但目前在进行高铁枢纽规划设计时，枢纽内部交通、周边交通网络、城市交通网络是相互独立的，无法做到枢纽交通与城市多模式交通网络的系统协调与无缝衔接，甚至无法互联互通。

（4）交通组织乱。高铁枢纽功能布局基本确定后，内部运行组织将显著影响高铁枢纽的客运能力、服务质量和运输效率。在保证高铁枢纽基本交通流线通畅的前提下，增强内部空间的多样化、精细化设计，使高铁枢纽内部功能空间更加人性化，更好地满足乘客的换乘需求，这是高铁枢纽交通组织设计的基本目标。高铁枢纽一体化换乘设计是枢纽内部交通组织的核心，包括各交通流线的设计和设施设备的布局。交通流线设计包括各种交通方式的进、出站流线以及换乘流线；设施设备包括自动扶梯等固定设备，以及移动隔离栏、导向标志、电子信息板、广播通信设备等。流线设计及设施布局的合理性、灵活性决定了高铁枢纽管理效率和应急能力。但目前的高铁枢纽，缺乏科学的交通组织设计，特别是高铁车站落客平台交通组织设计不规范、枢纽内部交通流线设计不合理，枢纽内部交通引导系统很混乱，枢纽交通运行无序且低效，"某某南站永远找不到北"是对高铁枢纽交通组织混乱的真实写照。

（5）量化分析缺。站城交通一体化融合包括枢纽交通与城市多模式交通系统的一体融合化以及枢纽交通系统规划建设、运行组织、系统管理全过程的一体化协同，基于高铁枢纽交通需求及其特征的定量化分析技术是站城交通一体化融合的基础。如何基于高铁枢纽的客流特征，对高铁枢纽的交通衔接系统、网络结构布局、运行组织设计等各项方案进行精准分析与科学研判，评估高铁枢纽在城市交通发展进程中的作用及地位，需要专门的理论方法、关键技术、实用工具及系统平台的支撑。但目前的高铁枢纽交通系统的规划建设与运行管理，其方案的评估往往以定性分析为主，缺乏定量化分析技术，方案的比选基于感性认识，缺乏科学依据。加上站城管理部门众多，责任主体不清，没有一个一体化的决策支持平台作为决策支撑，很难实现高铁枢纽与城市交通系统的一体化融合以及高铁枢纽发展的全过程协同。

1.4.2　解决当前高铁枢纽发展中存在问题的工作思路与基本对策

要解决我国高铁枢纽规划建设与运行管理中存在的问题，其首要任务是出台"高铁枢纽交通系统规划设计技术指南"。尽管我国已经有多部设计规范、标准涉及交通枢纽的规划建设，但还没有一部针对性的高铁枢纽规划、建设与管理技术指南，更没有相应的设计规范。我们认为，当务之急是出台一个统一的"高铁枢纽交通系统规划设计技术指南"，对高铁枢纽在城市中的功能定位、规划目标、规划设计内容、规划设计流程、重要规模指标的确定依据、技术分析方法等进行界定。

为支撑"高铁枢纽交通系统规划设计技术指南"的制定，形成统一的高铁枢纽交通规划、设计、管理与控制规范指引，明确高铁枢纽在城市交通系统中的功能定位、规划目标、设计内容、重要规模等指标，需重点关注与突破四大关键技术：高铁枢纽与城市交通需求一体化分析技术，高铁枢纽与城市多模式交通网络一体化布局技术，高铁枢纽运营、组织与管理一体化运维技术，高铁枢纽规划、建设与管理一体化决策支持技术。支撑站城融合视角下的区域交通系统出行结构优化、空间资源融合、整体功能提升与科学决策支持，如图1-1所示。

基于上述认识，本书作者所在研究团队以国家站城融合发展战略需求为研究导向，以制约站城区域协同发展的典型交通规划、建设与管理问题为突破口，通过对现有高铁枢纽的调研总结，梳理目前高铁枢纽存在的各类交通规划、建设、运营与管理的问题，分析各类问题的关键症结所在，聚焦站城交通的系统衔接等目标开展了系统研究，力图打造具有中国特色的站城融合交通系统一体化技术体系[10]。

1）精准把握站城交通需求，构建一体化需求分析技术体系

针对当前高铁枢纽规划的交通需求分析中，枢纽交通特征与城市交通需求分析无关联、无交互、无反馈的问题，梳理高铁枢纽和城市交通需求的基本特征与关联性，构建流程统一、考虑全面的高铁枢纽交通需求分析模型与参数标定方法；以一体化需求分析为导向，实现高铁枢纽与城市交通需求的标准化、定量化、融合化、一体化分析。

（1）把握站城特征，解析交通需求构成

站城融合理念下的高铁枢纽具有交通一体化、空间共享化、衔接无缝化、管理集中化、服务智能化等特征，这给站城区域交通需求引入了新变化，并对交通需求构成的层次性、客流时空演化的多样

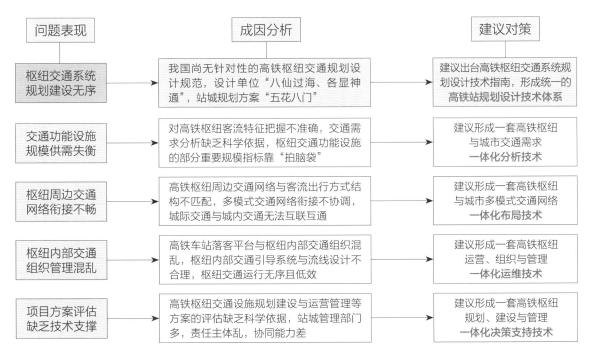

问题表现	成因分析	建议对策
枢纽交通系统规划建设无序	我国尚无针对性的高铁枢纽交通规划设计规范，设计单位"八仙过海、各显神通"，站城规划方案"五花八门"	建议出台高铁枢纽交通系统规划设计技术指南，形成统一的**高铁站规划设计技术体系**
交通功能设施规模供需失衡	对高铁枢纽客流特征把握不准确，交通需求分析缺乏科学依据，枢纽交通功能设施的部分重要规模指标靠"拍脑袋"	建议形成一套高铁枢纽与城市交通需求**一体化分析技术**
枢纽周边交通网络衔接不畅	高铁枢纽周边交通网络与客流出行方式结构不匹配，多模式交通网络衔接不协调，城际交通与城内交通无法互联互通	建议形成一套高铁枢纽与城市多模式交通网络**一体化布局技术**
枢纽内部交通组织管理混乱	高铁车站落客平台与枢纽内部交通组织混乱，枢纽内部交通引导系统与流线设计不合理，枢纽交通运行无序且低效	建议形成一套高铁枢纽运营、组织与管理**一体化运维技术**
项目方案评估缺乏技术支撑	高铁枢纽交通设施规划建设与运营管理等方案的评估缺乏科学依据，站城管理部门多，责任主体乱，协同能力差	建议形成一套高铁枢纽规划、建设与管理**一体化决策支持技术**

图1-1 解决当前高铁枢纽发展中存在问题的总体思路

性以及未来交通需求发展的引领性提出了新要求。

从站城交通需求的构成来看，枢纽联系内外的基本属性存在天然的客流转换，产生接驳交通需求；枢纽集中配置、统一组织的城市交通设施吸引出行经由枢纽换乘，产生换乘交通需求；此外，枢纽地区土地综合开发、突出交通区位等促进周边的活力，产生诱发交通需求。

（2）廓清影响因素，构建需求分析模型

影响上述交通需求的因素众多且有差异，须分而治之，但均须以总体需求为分析框架，融合考虑城市交通特性与站城融合理念，分别梳理接驳、换乘与诱发交通需求的关键影响因素，进而进行交通需求理论分析。

根据对外交通设施旅客运输能力，考虑规划设计年限统一性、高峰小时流量比与车站等级关联性等因素，构建接驳交通需求分析模型；分析城市空间布局、枢纽片区划分及交通设施布局情况，确定交通区之间交通分布及其换乘比例，构建换乘交通需求分析模型；明确枢纽核心区用地与空间规划、车站设施的建筑设计规模等，计算枢纽用地开发交通诱增系数，构建诱发交通需求分析模型。

（3）推动理论融合，形成一体化需求分析体系

以站城融合发展思想为指引，总结现有交通需求理论分析方法特征，结合城市自身条件，依托铁路发展的溢出效应，推动高铁枢纽交通需求分析理论的融合应用，打破以往需求分析方法模型不统一、参数不精准、算法不高效、结果不一致等问题。

在深入剖析高铁枢纽客流时空演变规律和差异的基础上，揭示站城融合理念下交通出行分布、衔接方式选择等关键因素变化，构建基于时空变化特征参数的枢纽需求分析模式，形成包括数据采集、理论建模、参数标定、衔接方式划分在内的站城区域一体化交通需求分析体系，提升交通需求分析精度和科学性。

2）完善站城衔接网络布局，融合站城空间资源

针对当前高铁枢纽与城市交通系统网络通行不顺畅、转换不便捷、能力不对等的问题，协调高铁枢纽与城市交通网络间的通行能力，优化高铁枢纽与城市交通系统间的通道布局，细化高铁枢纽与城市交通系统间连接点的功能设计；以一体化网络衔接为重点，对高铁枢纽与城市交通网络整体考虑，实现高铁枢纽与城市交通资源的一体化利用。

（1）因地制宜，一体化布局站城衔接网络

基于不同类型枢纽、不同片区枢纽、枢纽不同服务圈层的多样化出行需求特征，研究制定差异化的交通衔接策略，因地制宜构建公共交通、慢行交通、小汽车等多种交通方式协调配合的差异化交通衔接网络，提升枢纽集疏运效率和精准服务品质。

站城融合背景下高铁枢纽承担"交通"与"场所"两重功能。枢纽的交通功能要求设置满足城市内部换乘和接驳高铁出行等不同需求的公共交通站点，以保障公共交通系统高效运行为导向，优化枢纽周边道路网络，避免不必要的过境客流直接接入枢纽内部，从而提升枢纽集疏运效率。枢纽的场所功能要求枢纽周边区域的公共交通系统采用适应客流活动需求的布局思路，可适当缩小站点间距，同时充分提升慢行交通网络的通达性和公共交通服务可靠性。

（2）以可靠性为目标，全方位优化公交衔接网络

量化评估高铁枢纽与城市各功能区的公共交通可达性和服务可靠性，在高客流需求区域规划大中运量快速轨道交通或快速公交系统（BRT），保障大的客流组团连接枢纽的快捷性。同时，优化布设常规公交网络，满足城市广大区域的高铁枢纽到发客流可达性需求。

（3）以通达性为目标，精细化改善站区慢行网络

充分考虑高铁枢纽站体及周边地区的人群出行需求特征，通过提高步行环境质量、健全慢行网络体系等手段，构建通达性优良的慢行网络，重点采用人车分离、无缝衔接、品质提升、打破高铁站房封闭边界、加强高铁站前空间的慢行可达性、优化非机动车停车点布局等具体策略。

（4）以集约化为目标，立体化布设枢纽衔接设施

一方面，要求通过集约化的设施布局，形成集合多种衔接交通方式的换乘空间，缩短换乘距离，实现高效换乘；另一方面，要求行车空间与步行空间合理分区，且行车空间的布置要服从步行空间的集散组织要求。同时，需注重高铁站体的交通服务功能与城市功能的合理规划、合理分区。

3）注重交通设施衔接设计，提升区域整体功能

针对当前高铁枢纽与城市交通系统内外运行组织的热点、乱点、盲点与堵点问题，在进一步深化枢纽内部交通流线设计技术的基础上，提升枢纽换乘组织与管理能力，优化枢纽导向标识位置与信息设置；以一体化组织运营管理为保障，提出枢纽内部换乘组织、标志指引的一体化优化设计方法，考虑枢纽与多方式交通衔接，缩短换乘时间，提升高铁枢纽的运行效率。

（1）多元化交通组织设计，实现枢纽无缝衔接

构建站城融合高铁枢纽一体化交通组织技术体系，创建枢纽多模式交通融合衔接组织新模式，贯彻因地制宜、灵活设计、以人为本、可持续性、绿色智慧、零换乘的交通组织设计原则，建设循环、多维、立体的站城融合一体化交通衔接和组织换乘系统，优化站城融合枢纽空间构成形态，推动枢纽

交通组织设计从分散化转向一体化，形成站城融合高铁枢纽交通组织顶层设计和标准规范，减少旅客换乘通行距离与等候时间，实现站城融合枢纽内外交通的无缝衔接，确保站城融合交通换乘系统的高效运作，提升站城交通组织协同的整体效率。

（2）精细化交通流线设计，提高客流换乘效率

贯彻以人为本、以流为主的交通流线设计理念，分层次、分阶段设计站城融合高铁枢纽一体化交通组织流线方案，避免多模式交通流线间交叉干扰，打造精细、便捷、连续、畅通的交通组织流线，实行各行其道、互不干扰、快捷便利、绕行最短、节能环保的交通融合组织模式，高效集约利用枢纽内外功能空间，实现枢纽内部人车分流，提高枢纽换乘效率，保障乘客接驳换乘安全。建设站城融合高铁枢纽应急疏散组织系统，多维度全方位设计枢纽应急疏散流线，最大限度地降低突发事件下的人员伤亡、经济损失和交通影响。

（3）智慧化组织引导设计，提升乘客出行体验

建立站城融合高铁枢纽智能交通组织引导系统，实现枢纽资源的优化配置和信息共享，提升枢纽组织引导服务水平。建设站城融合枢纽实时智能诱导系统，设置连续、清晰、合理的智能指引标志标识，提供枢纽内外交通流线、交通秩序、停车位等实时诱导信息，配置乘客换乘、等待等智能组织辅助设施设备，形成全过程、全链条的枢纽交通引导体系，提供舒适、便捷的枢纽出行环境，提升枢纽乘客出行体验。推行站城融合枢纽绿色引导，减少声、光、电、气污染，降低能耗水平。

4）推广站城交通仿真服务，支撑站城一体科学决策

针对当前高铁枢纽与城市交通系统缺乏统一的系统平台进行一体化决策分析的问题，研究并建立基于"大数据+交通模型""人工智能+交通技术"双驱动的高铁枢纽"站城融合"精准分析技术体系；构建定量化、可视化"站城融合"虚拟仿真分析平台，实现对高铁枢纽和城市交通衔接系统的运营效率、衔接效果的分析与评估。

（1）定制站城一体交通仿真系统，提升跨部门协同决策能力

聚焦站城交通决策与科学治理需求，梳理与吸收"智慧城市""智慧交通""交通大脑"等成熟系统架构，研发适用于站城融合一体化的交通仿真成套技术，定制站城融合一体化交通仿真系统建设标准，细化一体化交通仿真架构体系、主体功能、基础数据、分析模型、平台软件等关键技术。

在站城融合交通仿真技术基础上，定制化开发由基础数据库、分析模型库、平台软件库、备选策略库四大部分组成的站城一体交通决策支持平台，支撑站城融合数据自动获取、模型精准分析、网络有效衔接、设施高效运转、方案多维评价，实现站城融合分析、规划、建设、管理与政策制定，打通站城多管理部门壁垒，提升站城融合决策支持能力。

（2）深化智能交通系统平台建设，服务未来新交通业态更新

面向站城交通运营与智慧服务需求，依托互联网+、人工智能、大数据等新兴技术，统筹规划与协调站城区域多交通方式、多运营主体、多出行需求子系统，加强信息共享融合，强化交通系统思维能力、智慧交通运营能力与站城融合服务能力，提升站城融合交通分析、需求诱导、多网运行、调度管理和应急处理的智能化水平，推进站城融合的精确分析、精细管理和精心服务。

科学研判新型运载工具与新交通业态发展引发的站城区域交通出行和运营管理变革，强化安全意

识、规则意识和系统工程意识，充分关注交通科技前沿发展对站城融合、交通出行及运营管理可能带来的影响，循序渐进推动站城融合智能交通系统平台建设。

本章参考文献

[1] 王炜，陈峻，过秀成. 交通工程学[M]. 南京：东南大学出版社，2019.

[2] 晏克非，于晓桦. 基于SID开发高铁枢纽车站建设条件及其影响[J]. 现代城市研究，2010，7：13-19.

[3] 何小洲. 高速铁路客运枢纽集疏运规划方法研究[D]. 南京：东南大学，2014.

[4] 苏小军，胡光华，刘世超. 结合交通枢纽体系构建思路[J]. 交通企业管理，2008，12：58-59.

[5] 中华人民共和国住房和城乡建设部. 城市综合交通体系规划标准：GB/T 51328-2018[S]. 北京：中国建筑工业出版社，2018.

[6] 季松，段进. 高铁枢纽地区的规划设计应对策略——以南京南站为例[J]. 规划师，2016，3：68-74.

[7] 金旭炜，毛灵，王彦宇. 铁路旅客车站结合城市设计"站城融合"理念探索[J]. 高速铁路技术，2020，4：17-20.

[8] 国家铁路局. 铁路旅客车站设计规范：TB 10100-2018[S]. 北京：中国铁道出版社，2018.

[9] 北京市规划和自然资源委员会. 城市综合客运交通枢纽设计规范：DB11 1666-2019[S]. 北京：北京市规划和自然资源委员会，2019.

[10] 王炜，赵德，华雪东，等. 城市虚拟交通系统与交通发展决策支持模式研究[J]. 中国工程科学，2021，23（3）：163-172.

第 2 章
高铁枢纽与城市交通
衔接现状与分析

2.1　我国高铁枢纽的总体分布特征

2.2　国内大城市高铁枢纽的网络特征分析

2.3　枢纽网络衔接的指标特征分析

2.4　典型枢纽实地调查分析

2.5　高铁枢纽的问题诊断

高铁枢纽承担着城市对内及对外的旅客联运，衔接着铁路运输、公路运输、城市轨道交通等交通运输模式，并在一定程度上代表着所在城市交通系统建设与运营管理水平。随着"站城融合"理念的兴起，高铁枢纽一体化交通衔接的研究成为热点。良好的交通衔接系统和枢纽周边建成环境，一方面能够促进城市综合交通运输系统效率提升，保证方便、快捷、安全的出行，另一方面也能推动枢纽与城市、城市对外与城市内部交通的融合。

本章从高铁枢纽的区位特征、中心效应、能级范围、交通影响等分别入手，剖析了我国高铁枢纽总体分布特征。通过线上调研分析，获取国内100多个高铁枢纽的区位、路网以及交通接驳特征，通过开放平台研究，获取国内31个城市的高铁枢纽网络衔接指标；进一步结合实地调研，挖掘国内典型高铁枢纽与城市交通衔接经验，梳理诊断高铁枢纽与城市交通衔接问题，为后续研究提出具有中国特色的站城融合交通系统一体化技术体系提供支撑。

2.1
我国高铁枢纽的总体分布特征

2.1.1 城市视角下的高铁枢纽区位特征

受限于城市的地域特征分布、用地规划布局、铁路设施建设等因素，不同城市高铁枢纽的位置不完全相同[1]。根据高铁枢纽与城市中心距离的差异，可以将高铁枢纽分为城市核心区的高铁枢纽、城市建成区的高铁枢纽、城市外围区的高铁枢纽。

城市核心区的高铁枢纽，为城市及城际交通提供良好的可达性，周边土地开发强度高且以商业办公和居住用地为主，深刻地影响着城市发展。城市核心区聚集多种交通方式，人流量和车流量均较大，高铁枢纽带来便捷的公共交通网络在改善区域通勤条件的同时，也有利于强化区域间联系。一般而言，这类枢纽多是在既有车站基础上进行改造，形成新的高铁枢纽，同时带动周边的设施更新和环境改善。

城市建成区的高铁枢纽，发挥着城市副中心的功能，周边土地开发强度适中，并且大多数为城市建设用地，少数为工业用地。此区域高铁枢纽具有良好的通达性，其与航空运输、公路运输、城市轨道交通、公共交通等多种运输方式联系密切，一般通过城市内部道路与城市核心区建立联系，通过高速公路与其他城市建立联系。

城市外围区的高铁枢纽，与城市中心区域距离较远，周边土地开发强度偏低，多以农业用地为主，建筑布局呈低密度特征。为了提升城市外围区域交通可达性，需合理建设轨道交通或常规公交，良好衔接外围区与核心区，尽可能加强枢纽本身与城市交通的联系。

2.1.2　高铁枢纽的中心效应和能级范围

高铁枢纽的建设能够在很大程度上带动区域发展，高铁枢纽周边区域交通可达性较高、衔接条件便捷完善，可以产生高度聚集的人流、车流及物流，形成以枢纽为城市办公、商业、生活中心的区域格局。空间集聚性是交通枢纽的关键特性，围绕枢纽产成的经济效应能够在很大程度上驱动城市在各方面的发展。

高铁枢纽对其所在区域的影响以能级的形式划分为三个层次[2-5]。

第一级为核心作用地区，辐射半径在800m以内，以交通功能为重点，进一步发展现代服务业，涉及市场服务、消费服务等。该区域具有非常高的建筑密度和高度，各类城市公共设施均有布置，除交通枢纽外，还设有商业楼、办公楼等。区域功能包括交通运输、餐饮住宿、休闲旅游、商务办公等，用地规划和设计需优先考虑交通枢纽的建设，与高铁枢纽交通服务功能密切相关。其目标是构建一体化的城市交通网络，合理规划关联枢纽周边用地的功能，尽可能地为旅客提供一系列便利、快捷、优质的服务[6-8]。

第二级为主要作用地区，辐射半径不超过1500m，主要发挥休闲娱乐、商旅住宿、酒店宾馆、商务会议等现代服务业的职能，并在此基础上延伸其需求，具有比较高的建筑密度和高度，布置商务办公、住宅休闲、文化教育、工业建设用地等。枢纽周边用地规划与枢纽的相关性减弱，逐渐显现常态化发展的城市空间结构及其功能组织[6, 9]，其目标是通过分析城市具体的发展状况，明确枢纽功能拓展的范畴、方向和位置，充分发挥枢纽对需求、经济等方面的拉动效应，同时提高培育土地经济性的力度。

第三级为外围作用地区，辐射半径超过1500m，现代服务业内容更具多样性和复杂性，主要发挥对外服务功能，关系到城市的综合发展。高铁枢纽与该区域空间布局、功能构造、架构设计等方面存在较弱的关联性，各种城市建设用地规划与枢纽需求分析未建立直接关系。其目标是实现枢纽辐射范围的扩展与城市区域地位的提升，通过提高枢纽服务水平与优化区域交通组织来实现枢纽区域与城市整体结构布局和功能设计的契合。

2.1.3　高铁枢纽对综合交通网络的影响

高铁枢纽位于两条或以上高速铁路交汇处，汇集多种运输方式，一般直接与公交站点及轨道交通站点相连，是旅客中转换乘的场所，同时也是不同运输方式、城市内外交通的转换点。高铁枢纽在综合交通网络中的作用表现在如下几个方面。

1）衔接作用

高铁枢纽连接各条运输线路使之成为一个整体，不同线路通过枢纽而相互联系、相互交流，从而使得交通变得更为通畅。对外作为城市群内各城市之间的纽带，巩固了各城市在社会、经济、文化方面的联系，对内则承担着联合不同运输方式和重组多种交通流线的职能[10]。以空铁联合运输为例，高铁枢纽通过转换旅客的运输方式衔接着航空运输和铁路运输，既能保持运输的安全可靠性，又能发挥运输的迅速机动性，有利于运输组织水平的提升。

2）信息服务

21世纪是高速发展的信息时代，通过高铁枢纽在全国范围的信息系统联网，能够及时高效地提供信息发布、信息交换、车站监控等方面的服务。高铁枢纽是整个联合运输系统信息采集、处理和传送的集中场所，这种信息服务的作用在综合交通网络中具有跨时代意义。

3）管理作用

高铁枢纽作为职能完善的综合体，集调度指挥、运输管理、信息服务等功能于一体，其管理策略和指挥计划比较完善，整个枢纽系统的运行效率高度依赖于枢纽节点的规划与管理水平，它不断吸引着周边地区的客流、货源、信息、资金等，并将这些资源聚集起来以促进区域的协同发展。

2.2 国内大城市高铁枢纽的网络特征分析

作为城市的重要客运枢纽，高铁枢纽既承担着所辐射区域内多种运输方式的旅客到发以及不同运输方式之间的旅客中转换乘作业，又与当地的城市交通进行匹配衔接融合。随着"站城融合"理念的发展，当前高铁枢纽的网络特征分析出现了更多的角度。

2.2.1 路网接驳特征

1）道路网总量规模

道路网总量规模对于明确城市道路总体规划及建设水平至关重要。高铁枢纽区域路网的总量规模衡量指标重点在于路网密度指标，能够为高铁枢纽的衔接路网规划与设计提供参考，同时满足枢纽旅客集散的实际要求[11]。

路网密度是路网总里程与指定区域面积的比值，主要根据区域路网规划和总体布局要求来确定。对比分析表2-1不同枢纽区域的数值，得到如下结论：目前国内高铁客运枢纽区域路网密度普遍低于所在城市的平均路网密度，密度比平均值约为86%，只有29.03%的枢纽车站区域路网密度大于城市平均水平。

不同枢纽区域路网密度   表2-1

高铁枢纽站	汉口站	北京站	济南站	南京站	杭州东站	成都站	广州东站	平均值
路网密度（km/km²）	4.84	5.45	5.1	3.57	3.09	5.83	4.75	5.91
对应的城市平均路网密度（km/km²）	8.8	6.7	5.7	4.8	5.3	5.8	7.5	6.85
路网密度/城市平均路网密度	0.55	0.81	0.89	0.74	0.58	1.01	0.63	0.86

2）道路网布局

依据高铁枢纽与周边路网的连通方式，高铁枢纽区域的道路网布局主要可划分为以下三种形式[9, 11, 12]，如表2-2所示。

高铁枢纽路网布局分析 　　　　　　表2-2

类型	尽端式	穿越式	网状式
适应地区	城市边缘地区或因地形条件限制枢纽建设地区	城市主城区	城市主城区、边缘地区或外围地区
枢纽类型	中小型枢纽，线侧站房	中小型枢纽，线侧站房	大中型枢纽，线上或线下站房
路网特征	与枢纽直连的独立式进出通道路网	各路网聚集成一条通道与枢纽直接相连	四周各方向连接枢纽场站设施，三级路网体系
实例	 深圳站	 广州站	 广州南站

（1）尽端式布局：枢纽区域内道路始于枢纽，不同于一般城市道路系统以交通功能为主，枢纽区域道路网系统的主要功能是交通集散，并且大部分基于右进右出或循环的组织形式。该布局形式适用于区域范围有限的中小型客运枢纽站，例如枢纽位置靠近城市边缘，选择尽端式布局更有利于枢纽周边区域发展。

（2）穿越式布局：从枢纽某一侧穿过的道路一般是枢纽区域功能性最强的道路，多用于常规铁路交通枢纽，该布局形式的适应性较好，尤其是在主城区采用线侧站房形式的枢纽，但是对于穿越枢纽的道路等级要求比较高。

（3）网状式布局：广泛应用于高铁枢纽区域的周边路网设计，通常采用线上或线下站房的形式，设有三级道路网络系统。枢纽周边功能性道路形成网格状布局且多分布在枢纽两侧的集散广场和交通场站，有利于枢纽客流的疏散和集聚，故该布局更适用于大型高铁综合客运枢纽。

3）道路等级配置

快速路、主干道、次干道、支路构成了高铁枢纽周边的城市道路网络系统[13, 14]，该系统应当具有合理的分级配置，一般需保持层次清晰、贯通顺畅的特点，高铁枢纽所衔接的城市路网中各等级道路的功能定位如下：

（1）快速路：快速路功能主要为快速集散枢纽区的车流以及分流过境交通，设计速度为60~80km/h，横断面较多采用双幅路或者三幅路，附加中央分隔带，由于该区域快速路承担大量集散交通需求，建议路段设置两侧辅道，剥离进出枢纽区的车辆，从而保证主线车辆快速通过。

（2）主干道：主干道承担枢纽区车辆中长距离的出行，保证交通的便捷、顺畅，同时具有协调城市用地功能的作用。虽然主干道的设计速度是50~60km/h，但是实际上的通行效率并不高，往往受交通量、交通结构等交通条件的影响。

（3）次干道：次干路主要为各类交通的集散服务，兼具衔接主干路和支路的功能，设计速度通常是30～50km/h，路幅宽度正常情况下为20～30m。

（4）支路：支路被称为城市道路网络的毛细血管，直接为沿线用地服务，在枢纽区域一般表现为周边居住用地、商业用地等相关配套道路。

主干路与次干路是各类交通方式的主要衔接网络，多用于枢纽核心区且直接连通枢纽站前广场。

高铁枢纽的路网结构 表2-3

高铁枢纽	主干路总长（m）	次干路总长（m）	支路总长（m）	主干路比例	次干路比例	支路比例
南京南站	8755	9543	17873	1.00	1.09	2.04
汉口站	7893	3311	8527	1.00	0.42	1.08
济南西站	9754	6462	12673	1.00	0.66	1.30
广州南站	7818	12288	8086	1.00	1.57	1.03
杭州东站	7320	7387	7387	1.00	1.01	1.25
天津西站	9168	7335	18293	1.00	0.80	2.00

通过表2-3对以上几个高铁枢纽地区路网等级结构进行统计分析，结果表明上述案例中，主干路：次干路：支路的平均比值约为1：0.75：1.36。不同区位高铁枢纽的道路等级构筑配置情况如下：

（1）南京南站：南京南站所处片区周边的快速路已成环成网，四条承载远途、高效率交通需求的快速道路构成了"两横两纵"快速通道网络。紧密环绕车站的五条片区内道路实现了多方式交通的接入接出。快速路与南京南站片区道路的互联互通主要通过花神庙枢纽、龙西互通、双龙街立交桥等节点实现，如图2-1所示。

（2）汉口站：汉口站北广场与金墩街、银墩街及常青一路联系密切，均为双向四车道的城市次干路，其周边主要道路根据规划要求基本已建设完毕[15]。车站南侧毗邻发展大道主干路和二环线快速路，实现了多方式交通的接入接出，二环线隧道满足片区内的快速过境交通需求。快速路与汉口站片

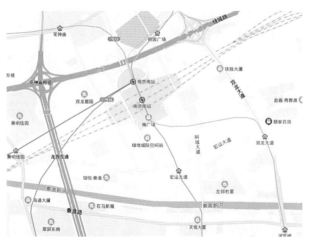

图2-1 南京南站细部路网

图2-2 汉口站细部路网

区内道路的互联互通则主要通过姑嫂树互通和常青桥立交等节点实现，如图2-2所示。

（3）济南西站：济南西站所处片区周边的快速路已成环成网，北园高架路、济南绕城高速、经十路以及二环西高架路为四条承载远途、高效率交通需求的快速道路。快速路与济南西站片区内道路的互联互通则主要通过济南西立交、腊山立交、匡山立交桥等节点实现，如图2-3所示。

（4）广州南站：紧密环绕车站的大洲路、石洲西路（西侧）、石洲东路（东侧）、石都北路（北侧）实现了多模式交通的接入接出。广州南站附近的快速路布局已经网络化，主要承载流量大、运输里程长的重交通流，如图2-4所示。

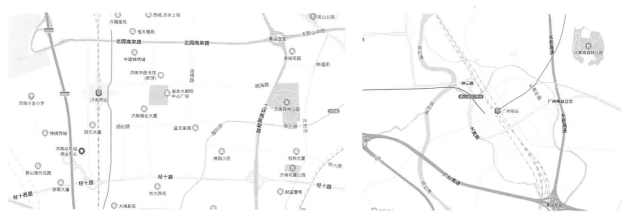

图2-3 济南西站细部路网　　　　　　　　　　　　**图2-4** 广州南站细部路网

（5）杭州东站：杭州东站所处片区周边的快速路已成环成网，四条承载远途、高效率交通需求的快速道路分别为德胜快速路、杭甬高速杭州支线、垦山西路以及秋石高架路。紧密环绕车站的三条片区内道路实现了多方式交通的接入接出，车站南侧的新塘路隧道则主要服务片区内的快速过境交通需求。快速路与杭州东站片区道路的互联互通则主要通过彭埠互通、德胜互通、垦秋立交桥等节点实现，如图2-5所示。

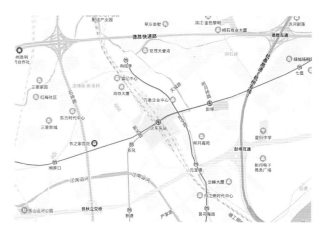

图2-5 杭州东站细部路网

（6）天津西站：天津西站周边西青路、勤俭道、新红路三条快速路形成了三角状路网，有利于车流的快速集散。天津西站南广场紧邻西青快速路，紧邻天津西站的其他道路有西站西大桥（西侧）、子牙河南路（北侧）以及子牙门西马路（东侧），如图2-6所示。

可以发现，目前高铁客运枢纽周边的道路网结构大多呈现出三个层次[3, 16, 17]。如图2-7所示，外层是快速路和主干路连接形成的"截流环"，有利于远距离交通快速到达高铁枢纽，且能剥离出入枢纽与经由枢纽交通流；中间层为跨越铁路线的次干路连接形成的"集散环"，主要服务于枢纽附近区域的到发交通流；内层是"集散环"内部支路形成的网络，目标是匹配旅客在高铁枢纽内多样化、个

图 2-6 天津西站细部路网

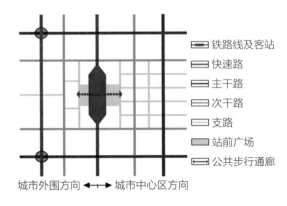

图 2-7 高铁枢纽周边道路网结构

性化的出行行为，通过对公共汽车、出租车、私家车等车辆设置专用出入口缓解拥堵，保障高铁枢纽区域集散交通和周边道路交通的稳定性和安全性。

2.2.2 公共交通接驳特征

1）公共交通服务供给

高铁站区TOD模式[18]指的是以枢纽车站为核心而向外延伸的交通发展模式，能够协调好城市交通规划与土地资源利用的关系，并通过合理的交通规划与设计，从而有效地缩短高铁出行时间。目前在高铁站区TOD模式的引领下，我国大多数大型城市的高铁站已建成相应的轨道站点；对于不适合建设城市轨道交通的中小型城市发展快速公交系统（BRT）的步伐仍较为缓慢。

（1）轨道交通

北京、天津、上海、南京、无锡、苏州的高铁枢纽站规划建设的轨道交通线路如表2-4所示，这些枢纽车站已发展成为城市对内、对外交通的联运枢纽。但是，国内高铁枢纽的轨道线路数量相比于发达国家的铁路枢纽而言，仍然存在不足。

京沪高铁沿线枢纽车站的轨道交通线路   表2-4

高铁枢纽站	运营轨道线路条数（条）	设置的轨道交通线路
北京南站	2	地铁4号线、14号线
天津西站	2	地铁1号线、6号线
上海虹桥站	3	地铁2号线、10号线、17号线
南京南站	4	地铁1号线、3号线、S1号线、S3号线
无锡东站	2	地铁2号线、4号线
苏州北站	1	地铁2号线

（2）常规公交

选取国内5个城市的高铁枢纽站，对其常规公交的服务设施进行分析，如表2-5所示。从运营线路数量来看，所选取的高铁枢纽布设的公交线路数量均大于20条，其中经过北京南站和上海虹桥站的常规线路数量均超过40条。

高铁与其他城市公共交通方式换乘时，优质的换乘体验可提升公共交通的吸引力，具体包括降低换乘时间、缩短换乘距离、提高站点换乘的便捷高效性。而目前高铁枢纽周边布置的常规公交站点数量较少，换乘公交的平均步行距离较长，而且高峰期公交站台易出现大量乘客聚集，从而导致乘客上下车辆拥挤，降低公交服务效率，不利于高铁站区TOD模式的发展。

高铁枢纽常规公交服务设施分析　　　　　　　　　　表2-5

		北京南站	杭州东站	广州南站	上海虹桥站	郑州东站
公交线网	运营条数（条）	42	25	33	41	23
常规公交站点	车站数（个）	2	2	2	5	1
	平均步行距离（m）	200	280	525	385	130

（3）快速公交系统

我国快速公交系统的发展规模较小，全国共有三十多个城市在部分城区开通了快速公交线路。相应地，高铁站区设置连通市区的快速公交线路更是少之又少。目前，设置快速公交线路接驳的高铁站主要有厦门北站、常州北站、济南西站和枣庄站，如表2-6所示。快速公交运营线路的数量低于常规公交运营线路的数量，同时大部分快速公交站点的步行距离也高于常规公交站点布设的步行距离，快速公交系统在中小型高铁站区TOD模式中的发展力度亟待加强。

高铁枢纽BRT服务设施分析　　　　　　　　　　表2-6

高铁站	厦门北站	常州北站	济南西站	枣庄站
快速公交线路运营数（条）	3	1	1	2
快速公交站点平均步行距离（m）	380	449	538	97

2）与轨道交通的布局衔接

（1）空间布置形式

城市轨道交通因其大运量、少用地、运行时间可靠、安全环保等优点，在城市交通系统中发挥着不可或缺的作用，同时也是高铁枢纽旅客集散的关键方式。高铁枢纽作为城市的交通门户和多种运输方式衔接的主要场所，周边土地开发强度高且功能复杂，同时缺乏足够可利用的土地资源，故规划高铁枢纽车站与轨道交通布局时，应考虑土地利用特征，明确空间形式。一般有以下三种[19-22]：

①高铁枢纽的站前广场地下修建轨道交通车站，旅客通过位于站前广场的出入口通道往返于轨道交通车站，该布置形式降低了对平面区域的分割量，缺点是所需工程量较大。目前采用该种布置形式的典型高铁站有呼和浩特站，如图2-8所示。呼和浩特站地铁站位于高铁站红线外部，共有4个出入口，有2号线一条地铁线路。

②轨道交通车站与高铁枢纽平行布置或轨道交通车站位于枢纽车站的一侧，枢纽内换乘客流通过地面人行道或天桥进入轨道交通车站，该布局形式需进行综合评价后确定。目前采用该种布置形式的高铁站有苏州站，如图2-9所示。苏州轨道交通2号线与4号线在苏州站内设置名为苏州火车站的换乘站，共有6个出入口，分布于火车站地下一层到达层以及站房北侧地面。

③轨道交通车站与高铁枢纽形成综合性建筑体，在新建枢纽或已有枢纽的改扩建中，将轨道交通融入枢纽开展综合性规划和设计。目前大多数高铁站采用这种布置形式。以北京南站为例，如图2-10所示，地下一层建造综合换乘大厅，地下二层引入地铁14号线，地下三层引入地铁4号线，铁路旅客从高铁站通过自动扶梯便可直接往返于轨道交通车站。

（2）衔接布局模式

基于上述三种空间布置形式，高铁枢纽车站与城市轨道交通车站的衔接布局模式有以下四种[19,23-25]：

①高铁枢纽的站前广场地下单独建设城市轨道交通车站。该模式是我国高铁枢纽车站比较普遍的布局模式，将轨道交通站点的出入口直接设在站前广场，与枢纽车站形成了比较独立的关系。但这种模式会增加枢纽旅客的步行距离，而且站前广场区域车流与客流的交织往往会降低换乘效率。

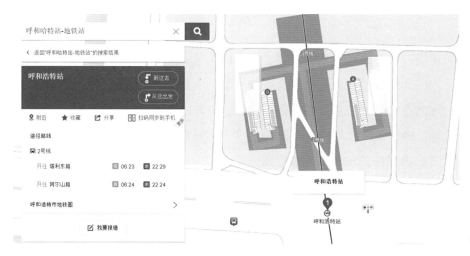

图2-8 呼和浩特站—地铁站

图2-9 苏州站—地铁站

图 2-10　北京南站—地铁站

②高铁枢纽的综合站厅与城市轨道交通车站的出入口通道相连。在该模式下，旅客出站后经过通道能够直接到达枢纽车站的候车大厅或售票大厅，出入口通道需要基于客流量数据确定合理宽度。

③高铁枢纽的站台与到达城市轨道交通站厅的通道相连。从轨道交通车站站厅引出的通道，通过楼梯、自动扶梯等设施与高铁枢纽站台直接相连，旅客可直接利用通道实现换乘目的。

④高铁枢纽与轨道交通联合设站。从旅客角度而言，这是最优的衔接布局模式，旅客可直接利用高铁枢纽与轨道交通的共用站厅或者连接两者站台的通道实现换乘目的。

3）与常规公交的布局衔接

（1）常规公交与枢纽站的布局模式

常规公交具有方便快捷、调度灵活、服务覆盖面广等优点，不但能够迅速高效地集散高铁枢纽客流，而且能够在未敷设轨道交通线网的区域承担部分骨干客流。高铁枢纽的到达客流以站前广场为起点，通过枢纽周边常规公交线网向城市内部延伸扩展。基于高铁枢纽换乘客流量的差异，高铁枢纽与常规公交的布局衔接模式可以划分为以下三种类型[25-28]：

①放射——集中布局模式：常规公交线网以高铁枢纽车站为起点呈树状向外延伸扩展。该模式下常规公交始发线路布置较多，公交运力大，枢纽旅客换乘便捷，行人流线组织相对简单，对枢纽周围的交通影响较小。这种布局模式适用于换乘客流量比较大的枢纽，如广州南站，见图2-11。

②途经——分散布局模式：常规公交线网由途经枢纽车站的公交线路组成，公交站点多分散设置于枢纽周边的城市道路上。该模式下公交停靠站主要为中途站，公交运力相对较小，枢纽旅客换乘步行距离较长，行人流线组织相对复杂，较大的客流量会给枢纽周边范围道路交通带来不良影响。这种布局模式适用于换乘客流量比较小的枢纽，如武汉站，见图2-12。

③综合布局模式：常规公交线网由始发公交线路和途经公交线路组成。该布局模式综合集中和分散两种布局模式：枢纽区域既需要布设公交场站，也需要布设公交停靠站。这种布局模式适用于规模较大的枢纽，如上海虹桥站，见图2-13。

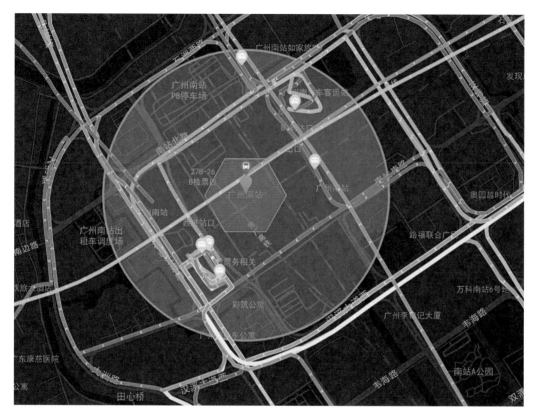

图 2-11　放射——集中布局模式（广州南站）

图 2-12　途经——分散布局模式（武汉站）

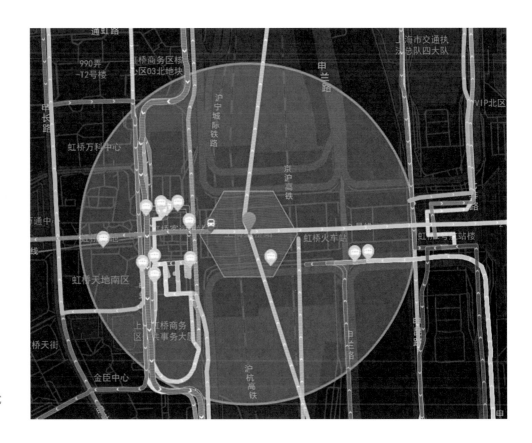

图 2-13　综合布局模式
（上海虹桥站）

（2）换乘衔接

基于上述三种常规公交与枢纽站的布局模式，我国大城市高铁枢纽与常规公交的换乘衔接可划分为三种形式[16, 29, 30]：

①高铁枢纽站前广场设置常规公交到发停车场。该模式对枢纽旅客而言偏好程度较高。因为旅客往返于公交站台与枢纽进出站口的步行距离一般不超过500m，且客流流线的交织较少，降低了旅客换乘时间，提高了旅客换乘效率。

②高铁枢纽站前广场附近设置常规公交枢纽。该模式普遍应用于我国大城市高铁枢纽。这种换乘衔接方式下不宜大量采用起终点公交线路，否则会造成常规公交车辆扰乱站前广场周边交通流组织的现象。根据枢纽到发客流量合理布设途经线路，并且注意减小枢纽旅客到公交站点的步行距离。

③高铁枢纽站前广场衔接道路的主干道上设置常规公交停靠站。该模式下的公交线路均设计为途经线路，通常将公交停靠站布设在高铁枢纽的入口侧，以降低进出站客流之间的影响。同时考虑到城市主干道的车流量较大，应根据实际车流量适当建设过街天桥或地下通道，最大限度地缓解枢纽区域人流与车流的交织影响。

2.2.3　出行时空圈层特征

高铁站的交通属性要求高铁枢纽需要提供良好的交通可达性，保证乘客高铁出行行程链的高效便捷，降低从出发城市起始点到最终目的地的行程时间。对高铁枢纽车站的网络特征进行分析时，选址因素对高铁枢纽周边地区的影响差异较大，位于城市中心区、城市主城边缘区、城市远郊区等不同区位的高铁枢纽,其周边地区有着不同的用地及道路功能定位,因此高铁站与城市中心区的距离是高铁站点周边土地开发强度差异的关联因素之一。研究高铁枢纽与城市主城区或市域范围连接的便利性,在一定程度上可以定量衡量高铁出行行程链相关环节的便捷程度。

以驾驶小汽车能够到达对应区域的时间定义从高铁站到达城市不同位置的行程时间,并以平均行程时间反映高铁站的城市内部交通可达性情况。图2-14所示为所选取23个高铁枢纽站到所在城市各个片区的平均行程时间。由图可以看出,绝大多数站点的平均行程时间在40~100min的范围内。厦门北站的城市内部交通可达性情况最优,平均行程时间低于40min,而长春西站的城市内部交通可达性最差,城市片区到高铁枢纽站的平均行程时间接近120min。

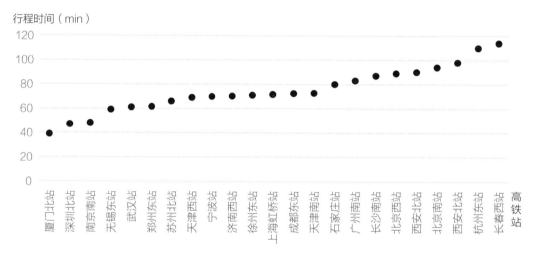

图2-14 高铁站到所在城市各片区的小汽车平均行程时间

选取城市内部可达性最好的厦门北站和城市内部可达性最差的长春西站为例,具体分析基于小汽车出行的高铁站时空圈层范围。

图2-15所示为从厦门北站到达厦门市各个片区驾车行驶的行程时间分布情况示意图。由图可以看出,厦门北站是位于城市核心区的高铁枢纽,这为城市及城际交通提供良好的可达性。以厦门北站为中心进行定量分析:小汽车30min时空圈覆盖约12.08km²的区域,占厦门市整体用地面积的2.24%;小汽车40min时空圈覆盖约72.10km²的区域,占厦门市整体用地面积的13.36%;而小汽车50min时空圈覆盖约243.29km²的区域,占厦门市整体用地面积的45.08%,接近一半;小汽车60min时空圈覆盖约423.03km²的区域,占厦门市整体用地面积的78.39%;小汽车时空圈的覆盖范围反映出厦门北站的城市内部可达性良好。

图2-16所示为从长春西站到达长春市各个片区驾车行驶的行程时间分布情况示意图。从选址角度看,长春西站离长春市中心较远,属于建成区的高铁枢纽,发挥着城市副中心的功能。以长春西站为中心进行定量分析:小汽车30min时空圈覆盖约20km²的区域,占长春市整体用地面积的2.85%;小汽车50min时空圈覆盖约131.53km²的区域,占长春市整体用地面积的18.79%;小汽车70min时空圈覆盖约242.27km²的区域,占长春市整体用地面积的34.61%,超过三分之一;而小汽车90min时空圈覆盖约513.2km²的区域,占长春市整体用地面积的73.31%;长春西站的小汽车圈层集中在70~110min,见图2-16中橙黄色部分,平均行程时长远高于厦门北站,反映长春西站的城市内部可达性相对较差。

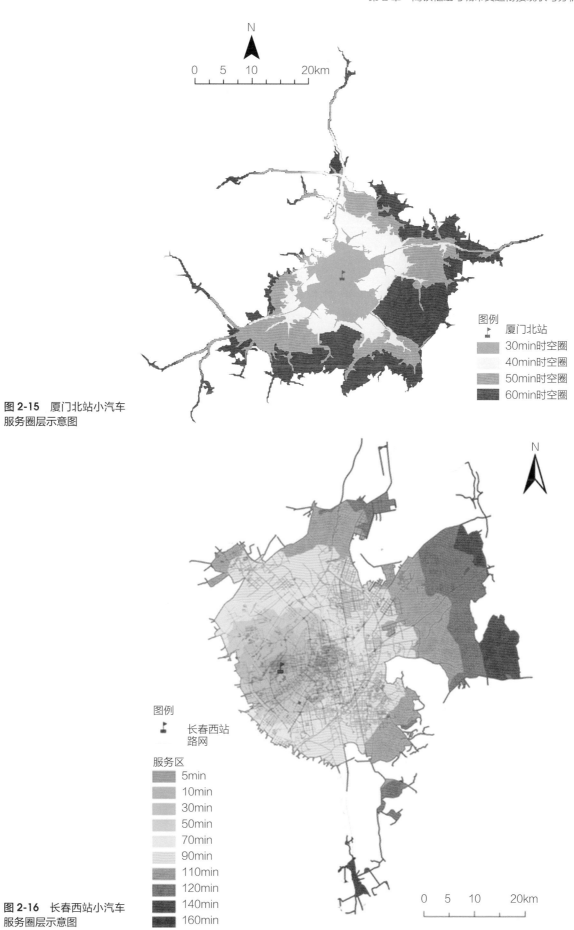

图 2-15　厦门北站小汽车
服务圈层示意图

图 2-16　长春西站小汽车
服务圈层示意图

2.3
枢纽网络衔接的指标特征分析

2.3.1 枢纽静态指标特征分析

高铁枢纽作为铁路网络的重要节点，也是城市内外交通的转换节点，融合了城际轨道与城市轨道、公交、出租等多种运输方式，其周边交通设施以及生活服务设施等建成环境的研究，对构建便捷顺畅的城市交通网，提升旅客换乘一体化出行体验具有重大意义。

高铁枢纽周边静态指标主要分为交通设施指标和生活服务指标，相关分析数据主要来源于高德地图开放平台。高德地图开放平台为国内城市提供了搜索服务API（应用程序编程接口），调用API可实现POI（兴趣点）的检索与获取。POI数据具有更新速度快、数据来源可靠、获取成本低等优点，是进行空间大数据分析的基础数据，能够表征典型地理标识的空间特征物。此次研究获取的POI数据包含名称、经纬度坐标、标签、类型和地址等信息。

基于POI数据列表建立高铁枢纽静态指标评价体系，评价指标如表2-7所示。将静态指标分为交通设施和生活服务两个大类，分别对应交通和建成环境两个方面的因素。交通设施类别中包含公交站点、地铁站点、出租车上下客处以及停车场四类指标。生活服务类别中包含商场超市、商务住宅以及学校三类指标。

静态指标评价体系   表2-7

类别	指标	类别	指标
交通设施	公交站点	生活服务	商场超市
	地铁站点		商务住宅
	出租车上下客处		学校
	停车场		

针对31个城市到发量最大的高铁枢纽进行调研搜索，以高铁枢纽为中心，周围2km为半径的圆形区域进行指标爬取，可以得到每个指标的具体名称和经纬度坐标等地理信息数据。

对31个城市高铁枢纽静态指标进行数量分析，得到共24175个POI数据点，其中7436个交通设施POI数据点中公交站点共2007个，地铁站点共159个，出租车上下客处共17处，停车场共5253个；16739个生活服务POI数据点中商场超市共3008个，商务住宅12262个，学校1469个。根据静态交通设施指标以及静态生活服务指标汇总分析，得到如图2-17和图2-18所示的静态指标数量分布表。

针对31个高铁枢纽的公交站点、地铁站点、出租车上下客处、停车场、商场超市、商务住宅以及学校数量进行主成分分析，选取前两个主成分，得到的分析结果如图2-19所示。可以看出，哈尔滨西站、杭州东站、北京南站以及天津站的整体静态指标数量高于调研枢纽的平均值；而拉萨站、贵阳北站、南宁东站以及昆明南站的整体静态指标数量明显低于调研枢纽的平均值；南京南站、成都东站、郑州东站、石家庄站、太原南站的整体静态指标数量与调研枢纽的平均值比较接近。

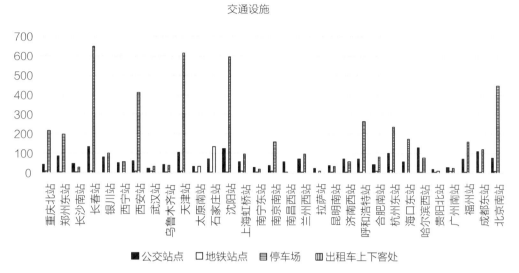

图 2-17　调研城市的交通设施指标对比

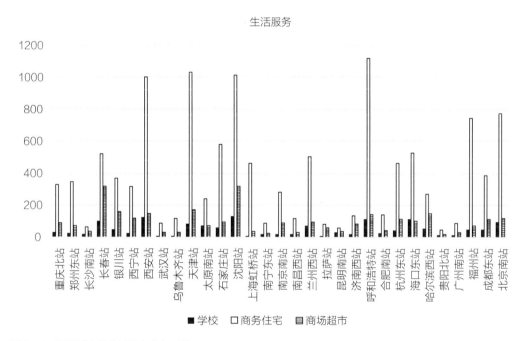

图 2-18　调研城市的生活服务指标对比

　　针对31个高铁枢纽的公交站点、地铁站点、出租车上下客处、停车场、商场超市、商务住宅以及学校数量进行层次分析，得到静态指标层次分析图，如图2-20所示。从图中可以看出，杭州东站和上海虹桥站在静态指标数量上具有相似性，二者商务住宅比例均占较高水平；重庆北站、南京南站、长沙南站以及合肥南站具有相似性，枢纽周边各种功能业态均较为齐全；贵阳北站、南宁东站以及昆明南站具有相似性，枢纽周边建成环境较为单一；西宁站、济南西站以及银川站具有相似性，枢纽周边商场超市占比较高；石家庄站、兰州西站以及福州站具有相似性，北京南站和天津站具有相似性，枢纽周边交通设施与生活服务设施均十分齐全；沈阳站和长春站具有相似性，二者周边均有大量停车场。

　　将静态指标数据的标签、经纬度坐标等信息导入ArcGIS软件，然后进行可视化处理，如图2-21所示。

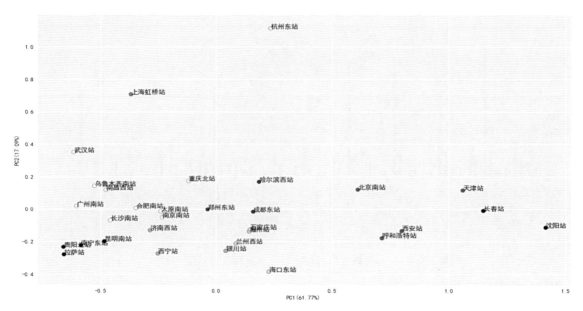

图 2-19 调研城市的静态指标主成分分析

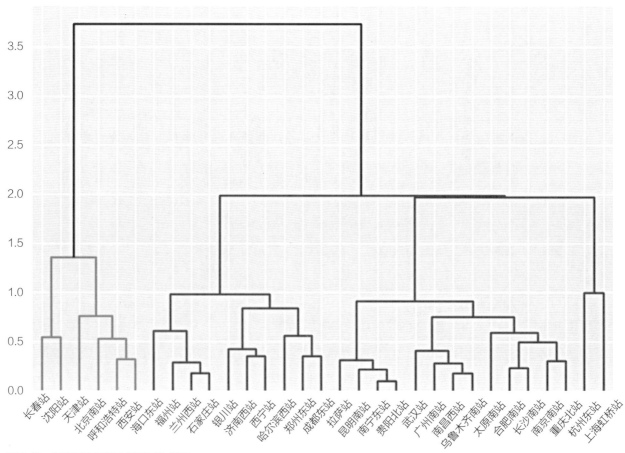

图 2-20 调研城市的静态指标层次分析

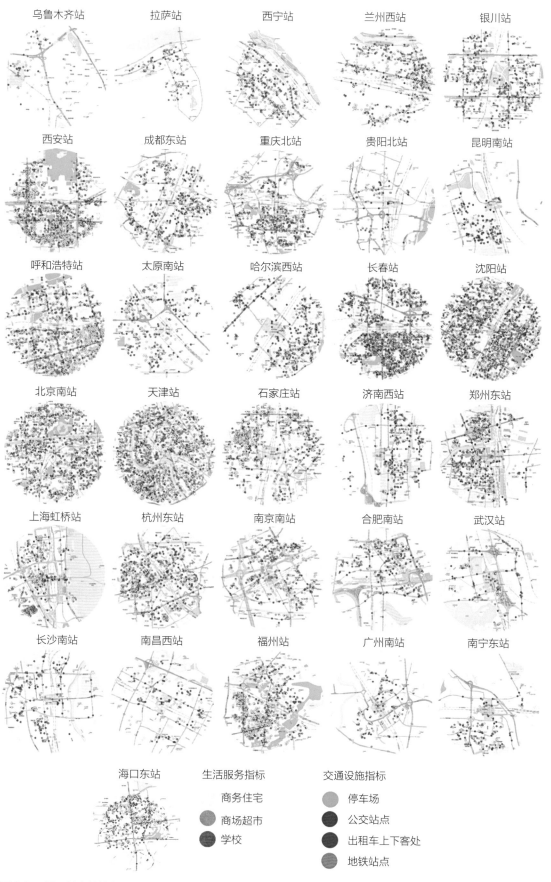

图 2-21　调研城市的静态指标位置可视化示意图

不同枢纽的静态指标分布不一，长春站、沈阳站、天津站、北京南站以及呼和浩特站在枢纽周边的静态指标分布密集，而诸如乌鲁木齐站、贵阳北站、昆明南站、广州南站、南宁东站的枢纽周边的静态指标分布较为稀疏。以广州南站和南宁东站为例，从图2-22和图2-23可以看出，广州南站外围和南宁东站北侧的绿地较多，土地利用有待一体化开发融合。

而部分枢纽由于受到地形等其他客观条件影响，枢纽周边部分区域几乎缺少静态指标，例如图2-21中拉萨站西南角以及昆明南站东侧的山峰，武汉站西南角的湖泊，上海虹桥站东侧的机场割裂了枢纽周边设施衔接。

图 2-22 广州南站卫星图　　　　　　　　　　　　　　**图 2-23** 南宁东站卫星图

2.3.2 枢纽动态指标特征分析

道路运行状态信息可反映道路畅通和拥挤状况，是交通规划与管理所需的基础数据。传统通过视频监测、卡口系统等手段获取道路交通运行状态信息的方法存在明显的滞后性，而且这些关键数据往往由部分行政部门掌握，交通行业研究人员难以获取完整的数据。随着地图API的发展，一种为研究人员准确获取数据的新思路出现。基于地图API及原有数据结构，编写程序并根据研究需求增加不同功能模块，从而获取实时的道路交通运行状态信息，并存储已获取的历史数据用于道路交通运行状况的分析与评价[31]。

随着智能手机的普及，用户出行愈加依赖电子导航，许多互联网公司发布了实时道路交通运行状况等交通态势服务，高德地图交通态势属于HTTP接口，能够根据开发者指定的内容，输出某区域内的道路名称、道路等级、道路经纬度坐标集、道路平均行程速度等属性。目前并不支持所有城市，因此此节只针对高德交通态势支持的21个城市高铁枢纽进行研究。

选取21个高铁枢纽的周边2km范围内工作日晚高峰18：00点的路网为研究对象，整体情况如表2-8所示，包含各个枢纽畅通道路、缓行道路、拥堵道路以及未知路段占所有道路的百分比。整体路况包含5个状态：0——未知；1——畅通；2——缓行；3——拥堵；4——严重拥堵。

高铁枢纽交通态势分析 表2-8

高铁枢纽	畅通占比	缓行占比	拥堵占比	未知路段占比	整体路况	道路描述
济南西站	25.00%	50.00%	0.00%	25.00%	3	中度拥堵
西安站	55.07%	26.09%	10.14%	8.70%	3	中度拥堵
石家庄站	56.34%	21.13%	16.90%	5.63%	3	中度拥堵
西宁站	52.63%	19.74%	17.11%	10.52%	3	中度拥堵
重庆北站	41.79%	14.93%	8.96%	34.32%	3	中度拥堵
南京南站	44.71%	10.59%	8.24%	36.46%	3	中度拥堵
合肥南站	59.57%	29.79%	4.26%	6.38%	2	轻度拥堵
太原南站	47.37%	21.05%	5.26%	26.32%	2	轻度拥堵
成都东站	57.97%	20.29%	2.90%	18.84%	2	轻度拥堵
福州站	69.05%	16.67%	9.52%	4.76%	2	轻度拥堵
沈阳站	71.96%	16.67%	5.56%	5.81%	2	轻度拥堵
杭州东站	55.56%	15.28%	4.17%	24.99%	2	轻度拥堵
上海虹桥站	75.76%	15.15%	1.52%	7.57%	2	轻度拥堵
长春站	73.24%	14.08%	1.41%	11.27%	2	轻度拥堵
天津站	67.82%	10.89%	9.90%	11.39%	2	轻度拥堵
北京南站	65.00%	10.83%	2.50%	21.67%	2	轻度拥堵
武汉站	37.66%	7.79%	3.90%	50.65%	2	轻度拥堵
广州南站	88.14%	6.78%	5.08%	0.00%	2	轻度拥堵
长沙南站	50.00%	6.25%	0.00%	43.75%	2	轻度拥堵
乌鲁木齐站	93.55%	3.23%	0.00%	3.22%	2	轻度拥堵
昆明南站	81.82%	0.00%	0.00%	18.18%	2	轻度拥堵

如表2-8所示，工作日晚高峰期间，济南西站、西安站、石家庄站、西宁站、重庆北站以及南京南站的道路拥堵情况为中度拥堵，而其他高铁枢纽道路拥堵情况为轻度拥堵。其中西宁站、石家庄站的拥堵路段占比显著高于其他高铁枢纽；济南西站缓行路段占比显著高于其他高铁枢纽；而乌鲁木齐站、广州南站，以及昆明南站的畅通路段占比显著高于其他高铁枢纽。

结合图2-24，众多枢纽畅通的道路多为快速路、高架路或是高速，高铁枢纽与此部分道路的高效衔接是十分必要的。例如广州南站作为具有大量到发量的高铁枢纽，其周边路网交通衔接依旧顺畅，这与其枢纽细部路网布局联系密切，广州南站附近的快速路布局已经网络化，分别为广州南站高架路、东新快速路、广台高速，承载流量大、运输里程长的重交通流、疏导过境交通。

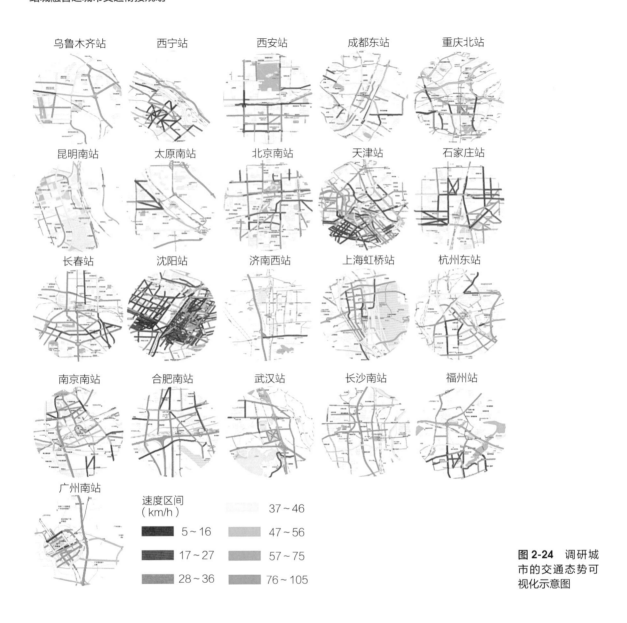

图 2-24　调研城市的交通态势可视化示意图

2.4
典型枢纽实地调查分析

国内高铁枢纽与城市交通衔接状况不一，现以南京南站为典型案例，重点剖析其区位特征及与城市交通衔接特征。

2.4.1　高铁枢纽区位分析

南京南站占地面积约为70万m²，总建筑面积约为45.8万m²，其中主站房面积为28.15万m²[32]，是位于华东地区的综合交通枢纽，也是南京铁路枢纽"五个重要客站"之一。依托"一带一路"倡议、

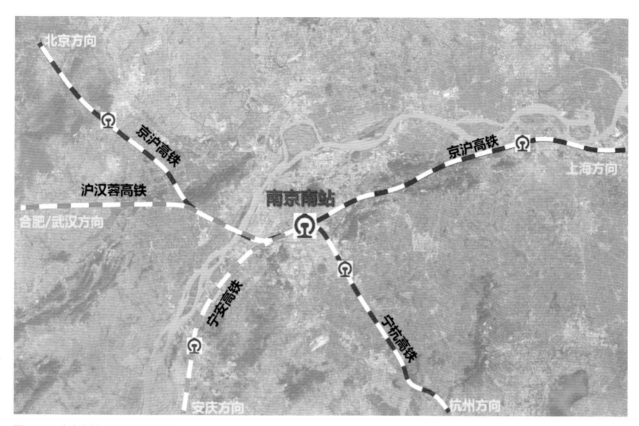

图 2-25　南京南站衔接铁路示意图

长江经济带建设等国家发展战略，明确定位为铁路主导型全国性综合客运枢纽，如图2-25所示。南京南站站场规模15台28线，汇聚八条高等级铁路，其中1至10号站台供京沪线（上海经南京至北京）列车停靠，11至21号站台供宁蓉线（南京至成都）和宁杭线（南京至杭州）列车停靠，22站台供沪宁线的支线（上海、上海虹桥至南京南）列车停靠，23至28号站台供宁安线（南京至安庆）列车停靠，南站从2011年6月开始正式投入运营。

　　根据《南京市铁路南站地区（MCd080单元）控制性详细规划》，南站地区按照铁路线为分界线，划分为北、中、南三大片区，规划形成"一个公建发展带、一个对外交通设施区、四个居住社区、两个混合建设区"的总体布局框架。将铁路线作为用地规划的边界线，北部片区规划公共服务设施用地和两块混合建设用地，中部片区规划为铁路用地，南部片区规划为文娱用地、商业用地、商办混合用地、公共绿地和居住用地[33]，地块划分情况如图2-26所示。

　　南京南站片区位于南京城市新中心，片区定位为枢纽型商务商贸片区，高强度开发，是华东地区综合性交通枢纽地区，为南京城市的代表性门户，如图2-27、图2-28所示。南站片区区位优势明显，其所在区域与新街口中心、河西中心共同构成南京主城金三角中心体系，但是片区周边路网配套设施仍有些许不足，未能充分发挥副中心作用，如图2-29所示，具体体现为周边的道路建设连通度不足，这使得主城—东山联系通道较弱，各区域缺乏对接。而且南京南站地区路网结构与布局存在一定问题，使得该地区与其余中心联系不强，限制南站周边商办设施运营发展，副中心功能未得到充分发挥，周边区域的发展驱动力有待提升。

图 2-26 南京南站地区空间布局示意图

图 2-27 南京南站片区在中心城
区位置布局示意图

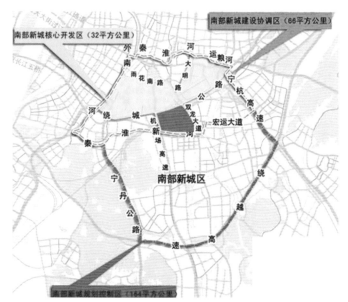

图 2-28　南京南站片区在南部新城区的位置示意图

图 2-29　金三角中心体系示意图

2.4.2　高铁枢纽片区交通现状分析

南京南站片区道路网络规划总里程为52.89km，目前已建成40.69km，完成了规划道路里程的76.9%；路网密度为6.75km/km²，但支路网密度较低，各级别道路现状如表2-9所示。南站片区东西向绕城高速、宏运大道与南北向机场高速、双龙大道组成了"两横两纵"快速通道网络。明城大道、绿都大道、锦绣街-毓秀街、金阳街及下穿铁路站台的道路，组成了直接服务站区内部交通的道路网络[32]，如图2-30所示。

南站片区道路网络概况　　　　　　　　　　　　　　　　　　表2-9

道路属性	快速路	主干路	次干路	支路	合计
现状长度（km）	9.81	4.82	9.95	16.11	40.69
现状密度（km/km²）	1.63	0.80	1.65	2.67	6.75
规划长度（km）	9.81	5.32	14.01	23.75	52.89
规划密度（km/km²）	1.63	0.88	2.32	3.94	8.77

现阶段，片区内道路网功能、交通设施配置等方面仍存在问题。例如，岔路口立交功能不全，导致东南方向来车通过宏运大道到离枢纽南平台不畅。此外规划道路路权侧重于非机动化交通，但是片区内非机动化出行需求不高，造成道路资源浪费，加之片区东西向通道缺乏，且支路网建成度相对较低，已建成支路中大部分设置有封路障碍物，往往形成断头路，较难连通衔接主次干路。

交通管理控制方面，信号控制管理尚不完善，部分道路尚在建设中，很多信号灯实际未启用，如图2-31所示。即便如此，片区内也缺乏相应的交通引导，现有现场交通引导主要集中在六朝路上（候客出租车排队停放），而少有对片区内外交通衔接的引导。

现状道路网等级结构图

快速路
主干路
次干路
支路
单向匝道

图 2-30 南京南站片区内道路等级概况

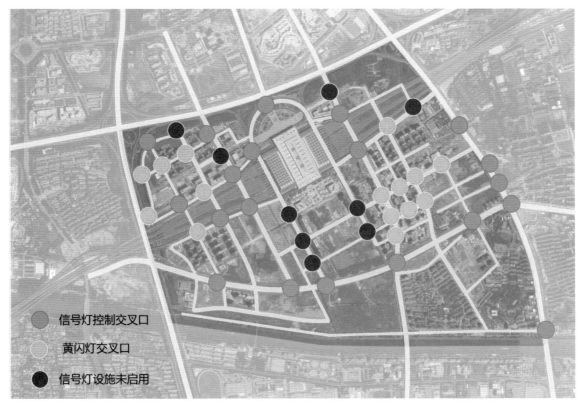

信号灯控制交叉口

黄闪灯交叉口

信号灯设施未启用

图 2-31 南京南站片区信号灯布置现状

2.4.3　高铁枢纽客流特征分析

南京南站是集高速铁路、公路、城市轨道交通、常规公交等运输方式于一体的综合性客运交通枢纽，囊括了城市对内、对外交通服务功能。南京南站所有到发旅客中，铁路旅客占总数的81.13%，公路旅客比例为13.70%，公铁联程旅客比例为5.17%。

1）铁路方面

南京南站总共衔接8条高等级铁路线路，分别为沪汉蓉高速铁路、京沪高速铁路、宁杭高速铁路、宁安高速铁路、宁合高速铁路、沪宁城际铁路、沪蓉沿江高速铁路以及江苏南沿江城际铁路，总经停车次达到136次。近年来南京南站铁路客运量大幅上升，年平均增长约20%，历年到达客运量与出发客运量基本均衡，如图2-32所示。南京南站2017年旅客到发量共计7900万人次，日均约为22万人次，2018年7月日均旅客到发量约为26.5万人次，到发基本均衡，如图2-33所示。

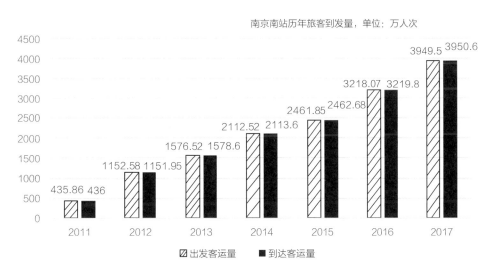

图 2-32　南京南站铁路历年旅客到发量

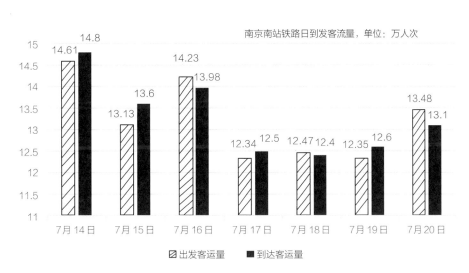

图 2-33　南京南站铁路 2018 年 7 月 14 ~ 20 日旅客到发量

2）公路客运方面

南京南站共有32个发车位，16个下客位，32个备发位，单日始发车达591次，辐射范围覆盖山东、浙江、湖北、安徽等六省，其客运量呈现先升后降的趋势，近两年客运量趋于稳定，如图2-34所示。2017年全年到发量约1426万人次（出发783万人次、到达643万人次），日均3.9万人次。从日到发客流量来看，2018年7月日均旅客到发量约为3.4万人次，如图2-35所示。

图 2-34　南京南站公路历年旅客到发量

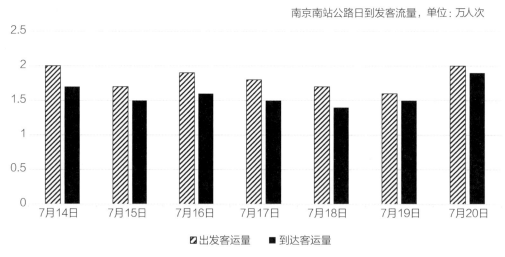

图 2-35　南京南站公路 2018 年 7 月 14 ~ 20 日旅客到发量

3）接驳客流分析

根据实地调查分析得出：南京南站到发旅客年龄主要分布在20 ~ 40岁之间，占比约为70%，19岁以下及40岁以上占比分别为8.9%、11.8%。其中受访者的职业以公司职员、企事业单位人员为

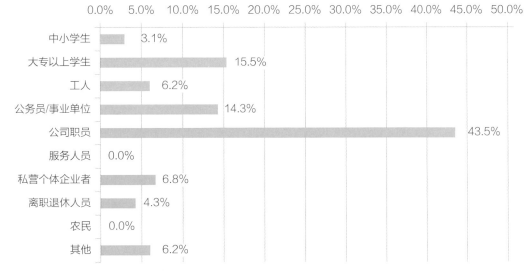

图 2-36　南京南站枢纽客流职业分布

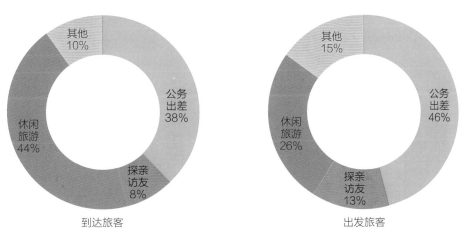

图 2-37　南京南站铁路到达、出发旅客出行目的统计

主，公司职员占比高达43.5%，公务员及事业单位人员占14.3%，大专以上学生占15.5%，职业分布情况如图2-36所示。

南京南站到达旅客及出发旅客的出行目的有所差异，但基本以公务出差及休闲旅游为主，探亲访友也是南站旅客重要的出行目的之一。到达旅客中以休闲旅游和公务出差为出行目的占比最高，分别为44%和38%，其次为探亲访友的旅客占比8%；南京南站出发旅客中占比最高的为公务出差，高达46%，其次为以休闲旅游为出行目的的旅客，占比为26%，如图2-37所示。

南京南站到发客流的交通方式分担率组成基本相似，其中集散客流的主要接驳方式为地铁，出发/到达接驳平均分担率约占52%，其次为出租车/网约车，约占17%，其他交通方式占比较小，如图2-38～图2-40所示。

对于城市交通接驳方式，枢纽内换乘出行平均耗时为9.85min，平均耗时最高的方式为常规铁路—公交换乘方式，其次为铁路—轨道交通换乘方式，平均耗时最少的方式为铁路—出租车方式，各种换乘方式的平均步行耗时如图2-41所示。

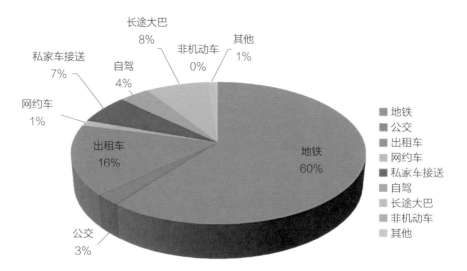

图 2-38 到达旅客（离站）交通接驳方式结构

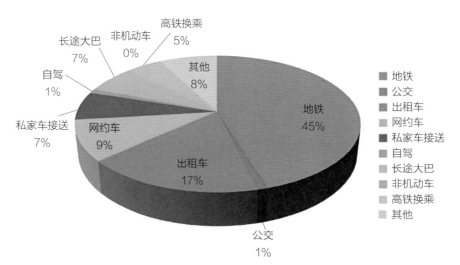

图 2-39 出发旅客（进站）交通接驳方式结构

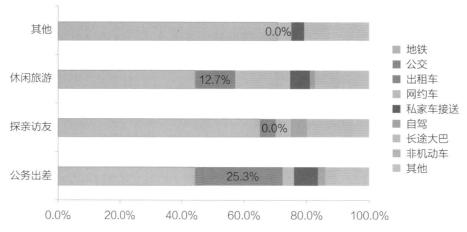

图 2-40 南京南站旅客分目的交通方式结构

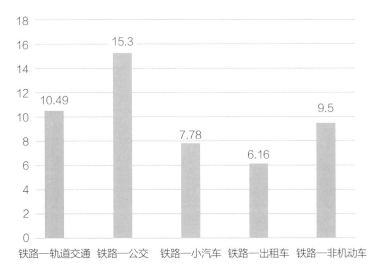

图 2-41　南京南站枢纽内不同换乘方式平均步行耗时（min）

2.4.4　高铁枢纽片区接驳设施分析

1）轨道交通方面

南站片区内共设有南京南站、双龙大道、宏运大道3个轨道交通车站，其中南京南站是南京地铁1号线、3号线、S1号线、S3号线和6号线的换乘车站，如图2-42所示。南京南站是南京地铁最大的换乘枢纽，在6号线开通运营后将变成国内第一个五线地铁换乘车站。根据现状轨道交通站点的分布，片区站点800m覆盖率为72.14%，主要覆盖区域为南京南站枢纽周边及片区东南角地块，轨道未覆盖区域均是现状及规划的住宅片区，中轴线上的商办区域虽然在覆盖范围内，但步行距离远、衔接不便。总体而言，南京南站主要服务对象为枢纽客

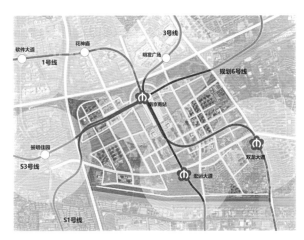

图 2-42　南站片区城市轨道交通概况

流，宏运大道站需跨快速路，轨道交通建设虽完全按照规划，但片区内轨道交通实际出行有所不便。

根据日到发客流量统计结果：地铁南京南站日均进站客流约为8.8万人次，出站客流约为8万人次，进站客流量大于出站客流量；分析一周客流分布情况，周末高于工作日，约为工作日的1.4倍。

2）常规公交方面

常规公交在枢纽影响范围内规划包含16对公交站台，共有公交线路23条（含3条夜间线）。其中，南京南站始发的线路共计12条，如图2-43所示，南站片区内，公交站台的布局基本合理，500m服务半径的公交站点覆盖率达86.25%，300m服务半径的公交站点覆盖率达55.56%，但部分站台的布置未结合公交线网的布设，如图2-44所示。现状影响区内公交出行不便，公交主要服务枢纽客流，人口岗位密集区域尚无公交线路服务。

图 2-43 南站片区常规公交概况

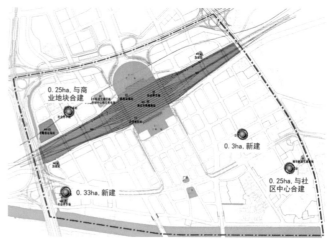

图 2-44 公交站点规划布局示意图

3）出租车方面

南京南站枢纽共有2个出租车停车场，蓄车空间约为250辆出租车，其中东侧出租车停车场约能蓄车150辆，西侧出租车停车场改造后约能蓄车100辆。东出租车场地排队已溢出六朝路，出租车排队从六朝路、开明街一直排队至明城大道（名城大道—金阳东街交叉口处）；西出租车场排队已溢出锦绣街，出租车排队从锦绣街一直排队至绿都大道（绿都大道—金阳西街交叉口处）。南京南站出租车发车效率较高，旅客候车时间较短，现状南京南站出租车运行内场外塞，路内车辆排队对城市交通造成不良影响。

南京南站枢纽的全日东出租车场的发送量约为8000~10000辆，发送旅客达2万人次，出租车进出停车场主要集中于8点至23点。如图2-45、图2-46所示，工作日出租车发送量比周末高，高峰时段东出租车上客区发送量达894pcu/h；工作日东出租车场站全日车流量约10260pcu，占南北落客平台车流总量的21.3%；周末约7840pcu，占南北落客平台车流总量的18.5%。根据枢纽到发客流量及出租车方式分担率计算可得，南京南站出租车平均载客人数为2.16人。

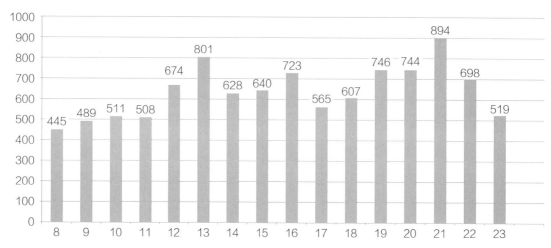

图 2-45 工作日东出租车场分时段流量统计

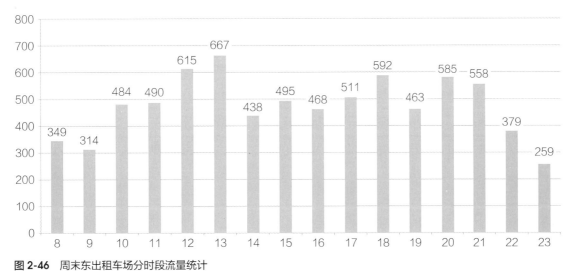

图 2-46　周末东出租车场分时段流量统计

4）公共停车场方面

南站片区现状路外公共停车场主要分布在南京南站交通枢纽内，枢纽停车场共建设有7个独立停车场，共2400个泊位；铁路南京南站现状开放的公共停车场共6个，分别为P1、P2、P3、P4、P5、P6停车场，除P1停车场为站内东地上大客车停车场，其余为小汽车停车场。

此外，片区内有路内停车位，主要分布在中驰路两侧及其周边，石华街区段布设有少量路内停车位。由于现状片区内存在较高停车需求量，路内停车位无法充分满足停车需求，路内违停车辆较多，且由于部分道路节点未打通，断头路段内违停车辆较多，南站片区的停车设施及现状的分布如图2-47所示。

图 2-47　片区内停车位及停车场现状分布

5）公共自行车方面

根据《铁路南站地区慢行交通系统研究》，南站地区规划的公共自行车系统功能重点偏向于构筑"B+R"系统，倡导公共自行车与公共交通的换乘，构造城市轨道交通、常规公交、公共自行车"三位一体"的大公交体系，以此提高南站片区的慢行效率。其次，公共自行车交通是作为南站地区机动化交通的一种补充，能够有效缓解南站地区高强度的用地开发所带来的机动化交通需求与高品质慢行环境打造所要求的交通稳静化之间对立性的可行方法。同时，通过公共自行车规划的系统成网，丰富南站片区内旅游交通内涵。"多布点少占地"的公共自行车落地规划，为南站区内旅游者提供了慢行出行最便捷、休闲的多重选择服务[33]。

枢纽影响范围内共规划8个公共自行车租赁点，316个桩位，公共自行车500m租赁点覆盖率达54.3%，现状公共自行车租赁点覆盖率相对较低、规模不足、与地铁衔接不顺畅，导致南京南站地铁出入口周围公共自行车点使用较为不便，亟待整治完善与提高。

6）慢行交通方面

南站片区内现状行人过街设施主要以平面交叉口人行横道线为主，立体过街设施仅一处，位于双龙大道上。平面交叉口的人行横道线过街信号控制比例较低，主要为明城大道、绿都大道、双龙大道、宏运大道等主要道路交叉口，其中绿都大道和明城大道沿线现状平面过街设施的平均间距分别为220m和230m，地面过街设施相对较密；而宏运大道现状平均过街间距为500m，最大间距为700m；双龙大道平均过街间距为470m，最大间距为900m。

在非机动车方面，片区内非机动车道主要与机动车道协同设置，尚未按照规划设立独立的非机动车廊道。片区内现状约85%道路已设置非机动车道，非机动车道总里程达37.25km，其中机非绿化隔离的非机动车道里程约15.11km，占比最高，达40.6%；机非标线隔离占比其次，约32.6%，里程约12.15km；机非护栏隔离道路里程约2.97km，占比约8%；机非机械带隔离占比总计约48%。

7）铁路落客平台方面

南北落客平台均有五个落客通道，每条通道的通行能力约400pcu/h，高峰小时南北落客平台的服务能力约2000pcu/h。其中北落客平台高峰小时车流量近2200pcu/h，饱和度达1.1，北落客平台高峰期间已经饱和；而南落客平台约1500pcu/h，饱和度约为0.75，南北落客平台工作日和周末分时段饱和度分别如图2-48、图2-49所示。高峰时段南北落客平台饱和度差异较大，表明北落客平台使用率过高、南落客平台使用率不足，南北落客平台使用均衡性较差。

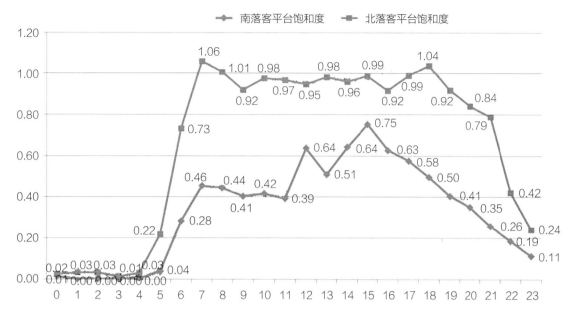

图 2-48　南北落客平台工作日分时段饱和度

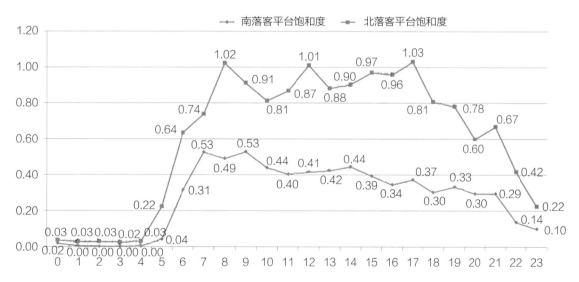

图 2-49　南北落客平台周末分时段饱和度

2.5
高铁枢纽的问题诊断

　　通过对高铁枢纽和城市交通网络衔接现状的分析，结合资料分析、文献阅读、实地调研、会议研讨及大数据挖掘，梳理诊断目前高铁枢纽与城市交通网络衔接存在的问题。随着站城融合理念的提出，既有高铁枢纽的局限性逐渐显露，如枢纽交通系统规划建设无序、交通功能设施规模供需失衡、枢纽周边交通网络衔接不畅、枢纽内部交通组织管理混乱、项目方案评估缺乏技术支撑等诸多具体问题，主要体现在规划设计、需求分析、网络衔接、组织管理、决策支持五个层面，本节将从以上五个方面逐一说明。

1）规划设计层面

高铁枢纽不仅能够提升城市在综合交通运输体系中的地位，而且对推动城市经济发展起到至关重要的作用。作为区域性综合交通枢纽，我国目前尚未出台针对性的高铁枢纽交通规划设计规范，交通规划设计单位各自为政、缺乏统筹，综合交通专项规划研究相对滞后且缺乏相应规划层次，导致站城规划方案多种多样。

此外，在高铁站点规划过程中对枢纽功能定位认识不足，站城功能耦合不到位，承载力与需求间存在差异。例如合肥北城站日经停列车1列，低谷期日均到发旅客量仅40人次，客流量稀少，无法形成枢纽效应。在高铁站规划选址过程中也存在考虑不全面，缺乏与城市交通协调发展的思考等问题，导致选址与出行需求间差异较大。如江苏南京已建成8年的紫金山东站，因规划选址存在严重问题，客流无法满足开通条件；再如嘉兴南站选址在城市的边缘地区，在规划布局过程中与城市规划的发展方向并不一致，存在布局不合理的问题，没能良好发挥高铁枢纽带动城市发展的作用，于是只对高铁枢纽周边区域进行了小规模的开发。

2）需求分析层面

交通需求分析是高铁枢纽规划的核心与基础，现阶段对枢纽整体客流特征以及枢纽与城市交通衔接客流特征把握不准确，缺少对综合交通枢纽的交通供需平衡关系的研究，各种交通方式换乘衔接未建立明确联系，从而使交通需求分析缺乏科学定量依据，导致无法合理确定枢纽交通功能设施分布、设施规模的配置。

需求分析的传统方法多以枢纽的集散客流和中转客流为研究对象，但是在站城融合视角下，枢纽会产生诱增客流从而改变原有的需求结构，同时传统方法主要依据铁路总出行量作为分析计算基础，并没有结合分析城市交通出行需求，对两者需求的特征与差异认识不清，导致枢纽供需平衡实施困难，难以构造出科学合理有效的规划设计方案，实现土地利用与交通衔接一体化的目标。由于缺少高铁枢纽与城市交通需求的一体化分析技术，针对当前我国高铁枢纽运营中不同交通需求特点，并没有建立相应需求预测模型，各项交通设施缺乏科学定量的设计标准，盲目规划枢纽功能、空间布局及其建筑结构[34]，对枢纽站场进行大面积平面布置，导致乘客步行距离长，换乘效率低。

3）网络衔接层面

高铁枢纽规模逐渐增大，功能逐渐增加，枢纽内部联系愈发复杂，枢纽外部与城市交通网络的联系也愈发密切，但部分高铁枢纽和城市交通网络间缺乏衔接配置设计，在网络衔接层面缺乏系统性规划，对枢纽内多种交通方式总是分开配置，导致枢纽内外交通方式间衔接不顺畅、运能不匹配等问题愈加突出。这些问题反映了高铁枢纽交通网络衔接系统配置不合理、周边交通网络与客流出行方式结构不匹配、多模式交通网络衔接不协调，从而使城际交通与城内交通无法实现真正的互联互通。

既有和拟建高铁枢纽与城市网络衔接不到位，建设时序不协调，高峰期网络无法承载"站–城"客流叠加压力。例如武汉西站拟选址武汉市蔡甸区，但是周边用地与枢纽建设时序不协调，且道路网运能不匹配，如图2-50所示。已建成的南京南站与周边地区和周边地块的交通网络衔接也仍有待加强，如图2-51所示。

部分高铁站建成后通道整体布局不合理、分布不均，无法承载高峰期的交通需求。例如苏州北站直达和一次换乘可达的比例较低，分别仅为5.53%和44.98%，如图2-52所示。也有高铁枢纽的网络节点功能设计不当，管理控制不到位，部分节点成为关键问题。例如福州火车站的地铁衔接设计不当，北广场没有地铁出入口，居民换乘须绕行，如图2-53所示。

图 2-50 武汉西站拟选址

图 2-51 南京南站片区内交通设施配置问题

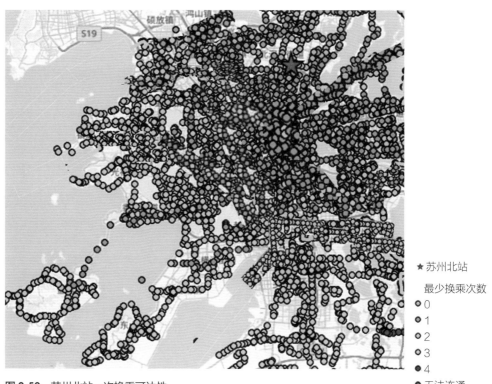

图 2-52 苏州北站一次换乘可达性

图 2-53　福州火车站

4）组织管理层面

高铁枢纽交通设施布局复杂且缺少系统性组织管理措施，导致高铁车站落客平台与枢纽内部交通组织混乱，各种运输方式与旅客到发站运能不匹配，同时枢纽内部交通引导系统与流线设计不够合理精细，客流流线交织冲突多，使得枢纽交通运行无序且低效，缺少合理有序的交通运行管理组织方案。

此外，高铁枢纽存在交通信息服务不足、标识系统统一度不够且识别度不高以及服务质量不佳的问题，具体表现为候车组织秩序乱，安检等待时间长，标志设置位置不合理，动态信息独立、分散等，如图2-54、图2-55所示。高铁枢纽运营组织仍需不断优化从而保证客流运输过程的连贯性和不同交通方式衔接的合理性，例如高铁与轨道交通运营时刻表不匹配，最后一班高铁进站的时间在公共交通运营时段之外，高铁与轨道交通换乘过程中二次安检引起的排队等现象。

图 2-54　标志位置不合理

图 2-55　动态信息独立与分散

5）决策支持层面

现阶段高铁枢纽交通设施规划、设计、建设、组织及管理等项目方案的分析与评估缺乏科学依据，针对枢纽衔接系统的交通客流、网络布局及其组织设计等各项方案难以进行准确的评判，从而无法科学支撑城市交通与高铁枢纽方案的决策及综合评估。

与此同时，我国高铁枢纽站由国家铁路集团公司或铁路投资公司主导，周边区域由地方政府负责，这一过程中，权利与义务关系复杂，高铁枢纽与城市交通的多部门难以形成联动与协同。比较邻国日本，自国有铁路改革为民营股份制公司后，铁路的规划建设、运营管理均主要由民营公司主导，这一过程中，权利与义务关系简单。站城区域涉及管理部门多，且层级较高互不隶属，责任主体较乱，整体协同能力较差，具体的管理任务往往需由数十个业务部门负责。枢纽内公共空间与物业相互交叉，产权具有多样性，地方政府在很多区域和领域的管理边界模糊。枢纽复杂的内外部交通联系、高昂的统筹协调成本、模糊的权责分工使得高铁枢纽和城市交通系统易在既定方案实施环节脱节，无法完成高铁枢纽与城市交通系统的充分融合。

本章参考文献

[1]　何小洲，过秀成，张小辉. 高铁枢纽集疏运模式及发展策略[J]. 城市交通，2014（1）：41-47.

[2]　晏克非，于晓桦. 基于SID开发高铁枢纽车站建设条件及其影响[J]. 现代城市研究，2010（7）：15-21.

[3]　王昊，胡晶，赵杰. 高铁时期铁路客运枢纽分类及典型形式[J]. 城市交通，2010，8（4）：6-15.

[4]　李星. 边缘型高速铁路综合客运枢纽地区路网配置方法研究[D]. 南京：东南大学，2010.

[5]　李端. 高铁枢纽对城市空间结构的影响研究[D]. 长沙：湖南大学，2019.

[6]　郝之颖. 高速铁路站场地区空间规划[J]. 城市交通，2008，6（5）：48-52.

[7] 郑德高，杜宝东. 寻求节点交通价值与城市功能价值的平衡——探讨国内外高铁车站与机场等交通枢纽地区发展的理论与实践[J]. 国际城市规划，2007，22（1）：72-76.

[8] MERCADO R, PAEZ A. Context and prospects for integrated urban models for metropolitan policy analysis and planning in developing countries: the case of metro manila[J]. Journal of the Eastern Asia Society for Transportation Studies, 2005, 6: 3744-3759.

[9] 叶欣. 高速铁路对中小城市空间结构影响研究[D]. 杭州：浙江大学，2011.

[10] 桂汪洋. 大型铁路客站站域空间整体性发展途径研究[D]. 南京：东南大学，2017.

[11] 何川. 陶家高铁站片区道路交通优化研究[D]. 重庆：重庆交通大学，2019.

[12] 王志龙. 综合枢纽道路集疏运模式研究——以广州南站为例[J]. 交通与运输，2018（z1）：161-163.

[13] 中华人民共和国建设部. 城市道路交通规划设计规范：GB 50220-95[S]. 北京：中国建筑工业出版社，1995.

[14] 中华人民共和国建设部. 城市道路设计规范：CJJ 37-90[S]. 北京：中国建筑工业出版社，1991.

[15] 崔赛. 汉口火车站北广场建设及交通组织方案[J]. 城市道桥与防洪，2019，241（5）：86-88.

[16] 何小洲. 高速铁路客运枢纽集疏运规划方法研究[D]. 南京：东南大学，2014.

[17] 王昊，龙慧. 试论高速铁路网建设对城镇群空间结构的影响[J]. 城市规划，2009（4）：41-44.

[18] 周俏. TOD模式在我国高铁站区综合开发中的应用研究[D]. 北京：北京交通大学，2018.

[19] 倪虹. 铁路客运枢纽站与城市公共交通的换乘衔接研究[D]. 兰州：兰州交通大学，2012.

[20] 陈大伟，李旭宏. 大城市对外客运枢纽与公共交通衔接规划研究[J]. 交通运输工程与信息学报，2008（4）：21-28.

[21] 董苏华. 境外综合交通运输的换乘系统[J]. 国际城市规划，2009（1）：2-4.

[22] 郑荣洲. 城市轨道交通与铁路车站的衔接方式探讨[J]. 城市轨道交通研究，2006（10）：40-42.

[23] 赵正佳，郭耀煌，张建勇. 客运联合运输中铁路与其他运输方式衔接的研究[J]. 铁道运输与经济，2002（9）：25-26.

[24] 潘俊卿. 城市对外客运枢纽换乘系统规划方法研究[D]. 南京：东南大学，2005.

[25] 姜亚楠. 广州北站综合客运交通枢纽换乘衔接研究[D]. 北京：北京交通大学，2015.

[26] 周伟，姜彩良. 城市交通枢纽旅客换乘问题研究[J]. 交通运输系统工程与信息，2005，5（5）：23-30.

[27] 柯林春，袁长伟. 城市综合客运枢纽旅客换乘影响因素分析[J]. 交通企业管理，2009（3）：72-73.

[28] BRONS M, GIVONI M, RIETVELD P. Access to railway stations and its potential in increasing rail use[J]. Transportation Research Part A, 2009, 43（2）：136-149.

[29] 方绪玲. 综合客运枢纽换乘设施布局研究[D]. 西安：长安大学，2016.

[30] 张玉彪. 高速铁路车站片区交通衔接规划研究[D]. 成都：西南交通大学，2007.

[31] 陈诗意，潘义勇. 基于地图API数据挖掘的道路交通运行状态分析[J]. 物流科技，2020，43（8）：112-116.

[32] 张梦可. 基于乘客感知的综合客运枢纽内外交通衔接问题诊断与优化[D]. 南京：东南大学，2018.

[33] 黄祖冠. 综合交通枢纽工程建设招标管理研究——以南京南站综合交通枢纽工程为例[D]. 南京：东南大学，2013.

[34] 何宁，贺瑞梅. 综合交通枢纽规划和需求分析方法[J]. 城市交通，2006，4（5）：13-18.

3

第 3 章

高铁枢纽与城市交通
衔接经验借鉴

3.1 案例分析

3.2 经验借鉴

3.3 一体化衔接的关键要素剖析

"他山之石，可以攻玉"，汲取国内外典型的高铁枢纽建设运营经验，对于提升我国既有和新建的高铁枢纽与城市交通一体化衔接水平非常重要。本章对东京、柏林、巴黎、上海、深圳、杭州等国内外城市和雄安新区的综合交通枢纽进行案例分析，介绍各枢纽的交通供需特征、规划设计理念和交通衔接方案，借鉴其在高铁枢纽选址布局、多方式接驳、直接换乘等方面的成功经验，并剖析高铁枢纽与城市交通一体化衔接的关键要素。

3.1
案例分析

3.1.1 日本东京站综合交通枢纽

东京站位于东京都千代田区，始建于1914年，距今已有百余年历史。如图3-1所示，经过数次扩建，目前的东京站占地约18.2万m²，覆盖上下4层，是日本最大规模的火车站。通过增强枢纽的换乘便利性以及有机融合枢纽与城市功能，东京站实现了良好的交通衔接效果。作为日本各大新干线（高铁）的始发中心，多条城际铁路和城市地铁同时交会于东京站，站内还划分了长途汽车站和出租车区域。东京站正门设置在东西两面，西门正对皇宫和中央商务区，为"丸之内"；东门在银座附近为"八重洲"[1]。为便于乘客在任何方向都可进站乘车，东西两侧的乘车区和地下人行道采用了互相贯通的形式。此外，东京站连接了附近的百货公司和商业大楼，此类出口总计30多个。

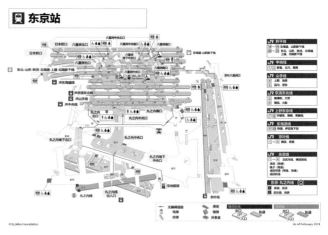

图 3-1 日本东京站综合交通枢纽

3.1.2 德国柏林中央综合交通枢纽

柏林中央火车站建在莱尔特老火车站原址上，功能全面，包括远程、区域和市内交通，是欧洲最大的枢纽型火车站，如图3-2所示。该火车站是新的城际特快地下层南北线和东西线弧形铁轨的汇聚

点，也是双向的区域列车以及一条地下南北线路的途经地。共有2条城市铁路线和4条远程线路在4座
新建铁路桥上排布[2]。综上所述，柏林火车站是一座集合远程线路、区域线路以及地铁线的全新枢纽
型火车站。

　　火车站通过3个层面组织交通功能：①地下二层。南北向远程线路与区域列车，U5号地铁。②地
面层。市内公共交通，私人交通，自行车与行人交通，游客交通（大巴、游船）。③地上一层。远程
线路与区域列车，城市轨道交通线路S3、S5、S6、S7、S9。

图 3-2　德国柏林中央综合交通枢纽

3.1.3　法国巴黎里昂综合交通枢纽

　　作为法国最大的铁路交通枢纽之一，巴黎里昂站是法国第一条高速铁路东南线的起点站，可辐射
东南部的大部分地区，包括法国第二大城市马赛和第三大城市里昂，进而可沟通邻国的一些大型城市。

　　车站分为地面和地下两部分，如图3-3所示：①地面车站设置了两个大厅，长途列车和巴黎郊区
列车R线可在任一大厅发车；②地下车站包含了两条地铁线，1号线和14号线，以及设有巴黎郊区地
铁A线和D线的车站站台。

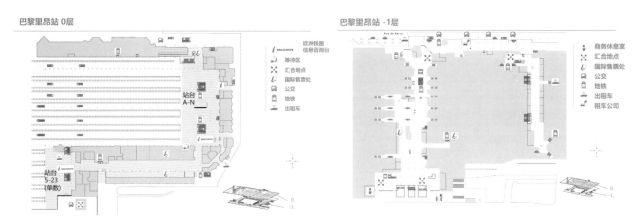

图 3-3　法国巴黎里昂综合交通枢纽

3.1.4　上海虹桥综合交通枢纽

1）项目概况

如图3-4所示，虹桥高铁站地处上海市闵行区，总占地面积130万m²以上，其中候车大厅面积达11340m²，最多可同时容纳1万人候车。虹桥高铁站属于特等站，是上海虹桥综合交通枢纽的重要部分，共有高速和综合2个车场，站台设有2个侧式站台和14个岛式站台、30条股道、30个站台面[3]。图3-5显示了上海虹桥综合交通枢纽在长三角地区的重要区位，其北端与沪汉蓉高速铁路、京沪高速铁路相连，南端连接沪昆高速铁路、沪杭甬客运专线，是中国最重要的铁路枢纽之一。

虹桥综合交通枢纽集多种交通方式为一体，涵盖城市内外交通一体化服务功能，可以满足不同层次的乘客出行需求，集散客流约为48万人次/日。枢纽内设有磁浮列车，可实现航空旅客在虹桥和浦东两机场间的快速周转以及加强浦东国际机场与长三角腹地间联系，大大增强了虹桥枢纽的通达性。枢纽地理位置优越，不仅沪宁、沪杭双轴相交于此，上海东西发展轴也以虹桥枢纽为端点[4]。如图3-6所示，枢纽包括中间核心区和建筑综合体，中间核心区呈东西向组成，主要有东、西交通中心加上磁浮站、高铁站和航站楼；站本体是上下分层的竖向布局。此外，枢纽内南北向布置了机场跑道、磁浮线及高铁轨道等配套设施。

2）交通供需特征与规划设计理念

虹桥枢纽到达客流的3个主要去向分别是长三角方向、上海市区和郊区方向。由高速铁路客运、虹桥机场航空客运和沪杭高速磁浮客运组成的主体系统，以及由其配套交通网络组成的配套系统，共同构成了枢纽的内部交通系统。同时，这些配套交通网络又组成了由机场间各类公共交通方式组成的公共交通集散模式，以及由私人交通方式组成的个体机动化的集散模式两类不同的交通模式。

图 3-4　上海虹桥综合交通枢纽俯瞰图

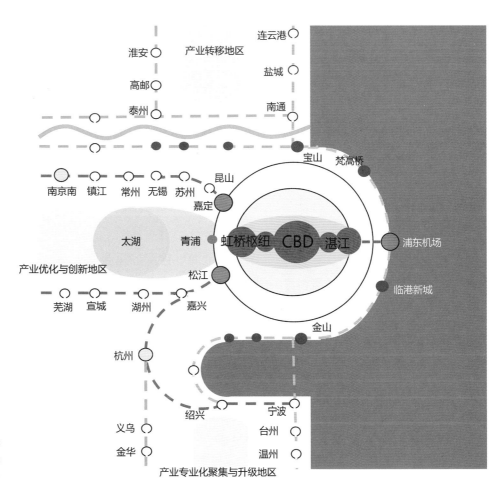

图 3-5　上海虹桥综合交通枢纽在长三角和上海的区位

图 3-6　上海虹桥综合交通枢纽平面图

　　虹桥枢纽交通总体设计理念分为四个层面，即功能整合的立体化枢纽空间、公共交通为主的层次化交通系统、人车分离的人性化交通环境、分块集散的简捷化交通流线[5]。

　　虹桥枢纽以垂直换乘的方式沟通轨道交通车站与枢纽站本体，实现一体化布局。枢纽站本体的道路系统可分离集散交通和所在片区的常规交通，提高枢纽站车辆集散的效率。配套换乘设施呈集中式布局立体化布置在站本体附近，而包括动车停、蓄车场在内的静态设施集约化布局在枢纽站内的夹心地。

3）枢纽综合体

枢纽综合体从功能上可以分为5层：12.15m层为出发层；6.6m层为到达换乘廊道层；0m层为高铁、磁浮到达层；−9.35m层为到达换乘通道及地铁站厅层；−16.5m层为地铁轨道及站台层。其中，枢纽三大重要换乘通道分布在出发层、到达换乘廊道层和到达换乘通道及地铁站厅层。站台正下方是地下换乘通道，出站检票口分布在换乘通道两侧，共30个。通道东连T2航站楼和东交通中心，西接长途汽车站、地下车库和西交通中心，地铁换乘大厅和出租车上客点分布在换乘通道内，实现航站楼和长途客运站的连通，进而满足乘客在各交通方式之间"零换乘"的需求。

4）公共交通系统

位于高铁站西侧地下层的虹桥地铁站是上海地铁网的重要换乘站，沟通2号线、10号线、17号线，搭乘地铁前往虹桥站的乘客可不出站直接到达位于地上的候车大厅。

虹桥枢纽内设有3个公交站，分布于2号航站楼、东交通中心和西交通中心。通过联络通道，旅客可从虹桥站直接到达2号航站楼附近的公交站。为方便出租车乘客进站，4处出租车蓄车场设置在枢纽站内，分布于机场和高铁站南北两侧。进出站的地面公共交通均通过快速道路系统进行集散。

5）道路交通系统

如图3-7、图3-8所示，七莘路、青虹路、徐泾中路是旅客通过道路交通系统进入枢纽的主要通道。枢纽区附近整个道路交通按照地区交通与集散交通分离、枢纽道路系统互通且单向循环、公交优先的原则规划，在提高枢纽站进出站效率的同时，也给旅客提供了更多的选择[6]。

乘坐私人交通的旅客可在地面层通过高架车道直达候车大厅门口。到达旅客可进入地下一层的虹桥客运站，选择合适的交通方式。

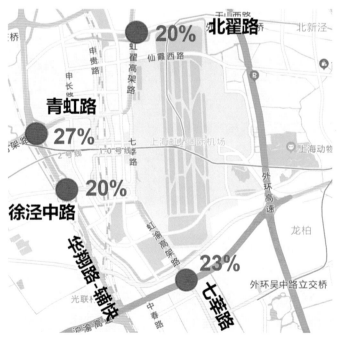

图 3-7 高架快速节点示意图

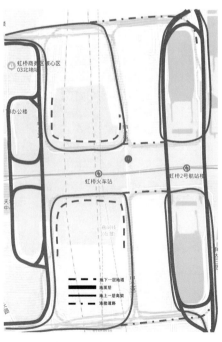

图 3-8 上海虹桥综合交通枢纽集散道路系统

基于过境交通与枢纽内集散交通分离的原则，高架系统主要用于提升航站楼、铁路站交通集散的效率，过境交通不允许入内。

3.1.5　深圳福田综合交通枢纽

1）项目概况

广深港高铁福田站工程全长11.4km，总建筑面积15.1万m²，从南向北以隧道形式连接深圳福田区和香港九龙，是北京至香港高速铁路线的重要组成部分。福田站位于福田区益田路与深南大道交叉口市民中心附近[7]。与传统高铁网布设模式不同，通过"城站结合、场站层叠"的模式，福田站将设计速度200km/h的高铁引入城市中心地下，并在市中心处建设了亚洲规模最大、高铁允许通过速度最快的全地下模式的交通枢纽，深入客源中心，降低了乘客出行时间。

福田高铁站主要承担广州、深圳和香港之间的城际客流运输，构筑了珠三角中心城市"半小时交通圈"。该项目扩展了我国高铁网的辐射范围，将香港纳入高铁网这一举措对提高深港内部交通体系一体化程度，强化深港合作，巩固深港区域中心地位，促进内地与港澳地区的经贸文化交流具有十分重要的意义。

深圳福田综合交通枢纽以福田高铁站为核心，集地铁、公交、出租以及商业功能于一体，共设有32个出入口，通往市民中心、会展中心、证券大厦等人流量大的建筑，图3-9展示了该工程总平面图。通过站场北端西侧的换乘通道可乘坐地铁2、3、11号线，且11号线可作为连通机场的快线；东侧的换乘通道连接地铁4号龙华线市民中心站；站场南端直连地铁1号罗宝线购物公园站。

图 3-9　深圳福田综合交通枢纽工程总平面图

2）交通供需特征与规划设计理念

广深港客运专线上的福田站是具有口岸功能的城际车站，也是香港中心区和内地沟通桥梁的起点[8]。香港中心区生成的客流大多为商务客流，其需求包括对城市公交系统接驳需求和对城市个体交通系统接驳需求。慢行交通是直达CBD的重要交通方式，由于福田站周边道路空间资源限制较大，因此在完善慢行交通设施的同时，要注意控制个体交通需求，加强轨道和慢行系统接驳。

对于在城市最核心区建设的高速铁路车站和综合交通枢纽，如何在充分吸引客流的同时减少对城市交通及整体环境的负面影响，是其在规划设计中面临的最大难题。因此，为实现将交通枢纽融于城市之中——构筑一个国际先进水平的功能复合、运作高效、换乘便捷、美观舒适的现代化交通枢纽的规划目标，福田综合交通枢纽提出了完善公交接驳系统和慢行系统，协调机场客流和商务客流等规划理念。

3）全地下高铁站

福田中心区作为已建成的核心区，空间和道路资源十分有限，脆弱的环境对新建建筑和景观要求很高。在广深港客运专线及福田站的建设过程中，充分考虑了这一大型建筑对城市环境、土地和人群的影响，力求降低对周边区域的干扰，为此当地政府做出了建设全地下高铁站的合理决策。如图3-10所示，福田站埋深达32m，车站共分为三层，车站主体与相接驳地铁车站及其配套设施均设在地下，是全地下的综合交通枢纽[9]。枢纽空间布局方面，换乘大厅位于地下一层，其主要功能是服务换乘客流，地下二、三层为各接驳地铁站的站台层。

地下二层为站厅层和候车大厅，共设置进站检票口4个，候车椅1200多张，可供3000名旅客同时候车。

地面共设置了3个直接通到地下二层的便捷出入口（不经过地下一层），3个出入口分别为福华一路北侧、益田路东侧出入口；江苏银行楼下出入口；深南大道南侧、益田路东侧出入口。

地下一层为换乘大厅，共设旅客出入口16个，可实现出租车、公交车、地铁的无缝接驳。目前有33条公交线路可达高铁福田站，可前往清湖、沙井、石岩、东湖、南头检查站及光明区等方向。

地下三层共设8线、4个岛式站台，所有站台都设置了屏蔽门。

图3-10 福田站枢纽地下各层布置图

4）城市轨道交通接驳网络

福田站的规划建设体现了以城市轨道交通接驳为主导的理念。基于此，调整中心区城市轨道交通线网。其轨道接驳方式如图3-11所示，2、3、11、14号线四条地铁线路在福田站周边区域设置车站，使得福田站枢纽区域轨道交通网络发达且便于换乘，进而优化乘客的出行选择。纵向的广深港客运专线，轨道3、4号线，横向的轨道1、2、11、14号线交织成了中心区轨道网，连同布设的10个与福田站接驳的轨道车站，构成了枢纽的核心接驳体系。预计有80%的换乘客流通过此接驳体系进出福田站。为实现乘客在大流量轨道交通线之间的便捷换乘，福田枢纽在地下一层的换乘区域规划同站台换乘布置，尽量提升乘客换乘效率。

图 3-11　深圳福田枢纽城市轨道交通接驳方案

5）常规道路交通接驳系统

受城市中心区土地和空间资源限制，福田枢纽接驳方式应以轨道交通为主，常规公交方式为辅，并严格限制私人交通接驳，以达到简化接驳方式的目的。但由于广深港客运专线客流形式的特殊性，即商务客流占比较大且相接驳的轨道11号线有大量机场客流，枢纽的接驳方式在追求简化的同时也要注意人性化考量，如适当设置一些即停即走的私人交通接驳设施来满足乘客多样化的换乘需求，如图3-12所示。在规划常规道路交通接驳设施时，应有效利用地形条件及地面设施，充分考虑需求分布，围绕广深

图 3-12 公交场站空间布局

港客运专线及其连通的轨道交通线路，分散建设常规公交和出租车场站。通过合理布局方式，贯彻车流与人流分离的理念，形成立体化的常规道路交通接驳系统。

3.1.6 杭州西站综合交通枢纽

1）项目概况

如图3-13所示，地处杭州余杭组团内部的杭州西站综合体，交通便利，其设计期望是面向商合杭、沪乍杭、杭温铁路等客流量较大方向的城际铁路，从而沟通上海、南京、合肥、武汉等人员密集的城市，最终成为联结长三角区域的纽带。杭州西站综合体包括地上和地下两部分，总面积约215万m²，其中站房面积约10万m²，配套工程面积约40万m²。综合开发区域120万m²，7栋超高层塔楼布设于区域内部，塔楼最高约390m[10]。

杭州西站站场由湖杭场（6台11线）和杭临绩场（5台9线）组成，总规模11台20线，两个车场之间拉开28m。这个间隙是实现换乘功能的主要场所，综合交通换乘在内部设置的十字形"云谷"空间内完成，地铁与国铁换乘则通过空间中央设置的垂直"云路"进行。传统铁路与城市多为点对点联系，通过与周边开发相结合，杭州西站在不同高度上建立了这种二维联系，形成了立体交通网络，实现了城市与铁路在多层次的沟通融合。

杭州西站是特大型铁路旅客车站，同时聚集人数最高可达6000人，远期高峰小时发送量超过12000人。枢纽内部跨线高架站房面积约10万m²，分为地上和地下两部分。地上5层，从下至上为国铁出站层、快速进站及换乘夹层、国铁站台层、高架候车层、旅服夹层；地下4层，从下至上为地铁

K2和K3线站台层、地铁机场快线及3号线站台
层、地铁站厅层、停车夹层。

2）交通供需特征与规划设计理念

上海、南京、合肥、武汉等9个方向是杭
州西站的主要客流流向。针对市内外客流需
求，杭州西站对外可通过商合杭、沪乍杭、杭
温铁路等客流量较大方向的城际铁路网络实现
全国范围内的连通，对内通过都市区轨道、城
市轨道快线/干线、中运量轨道等实现几乎覆盖
杭州城区的1小时通勤圈，而快线半小时通勤
圈可以覆盖几乎杭城所有的重要节点和设施。

图 3-13　杭州西站战略区位示意图

如图3-14所示，枢纽设施内部通过多层布
局和垂直交通核解决各类交通出行需求，实现
客流的快速集散。

理念一：多层布局。规划通过多层布局解
决各类交通出行需求，包括轨道、公交、慢
行、小汽车、出租车、公路客运等。

理念二：垂直交通核。规划将南北两场拉
开30m左右，利用拉开的空间设置垂直交通，

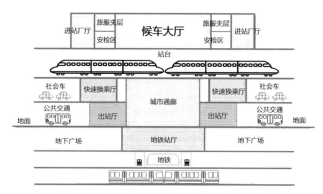

线上候车厅为高架候车厅，线下为快速进站通道，兼做国铁场间换乘

图 3-14　杭州西站各层布置示意图

能够让多层次（5~7层）的步行乘客形成真正的"无缝换乘"。即以拉开30m的垂直交通核为圆心点，
周边300m半径内的所有步行乘客都能够实现点到点之间的最短换乘。

3）分层交通组织

地下进站：杭州西站共引入4条轨道线路，其中3条为轨道快线。强大的轨道支撑极大提高轨道可
达性，使得枢纽集散客流的轨道交通分担率超过50%。考虑到轨道与高铁车站、轨道与开发建筑之间
大客流换乘组织的便利性和高效性，4线轨道以两纵两横形式呈十字相交布置在枢纽-2至-4层。不同
于传统线上候客车站，地铁出站客流需要步行至车场两侧进入车站的流线组织方式，杭州西站的轨道
换乘客流利用中部竖向交通井，从-1层站厅层直达线下候车层，并且可进一步上至枢纽上盖城市开发
广场，从而更加强化TOD和"交通核"概念。进入地下停车场的客流可通过枢纽中部的主交通核或者
南北两侧的次交通核就近选择进入候车换乘大厅以及上盖开发部分，其组织布局如图3-15、图3-16
所示。

地面进站：作为一个高强度开发的超级TOD地区，杭州西站的车站和城市开发是相伴相融的整
体，站隐藏于城中。西站综合体所产生的客流，集中通过位于东西两侧的两条进站专用通道进行集
散。进站专用通道为出入枢纽的机动化交通提供良好的导向性。地面层以竖向交通核为中心，形成十
字形换乘通道，贴近人行通道两侧集中布局公交首末站、出租车蓄车及上客点、公路集散中心（含旅

游客运），外侧铁路咽喉区下方布置公路客运及旅游大巴停车场、短时社会停车场。长时停放小汽车通过站中路上的地库出入通道直接进入地下一层车库。其余接客小汽车、接客出租车、公交、大巴均通过站中路进出相应场站设施。

高架进站：铁路站台层西侧设置高架落客平台，连接东西大道快速路高架层，实现中长距离送客小汽车、出租车快速进出站，提高换乘组织效率。

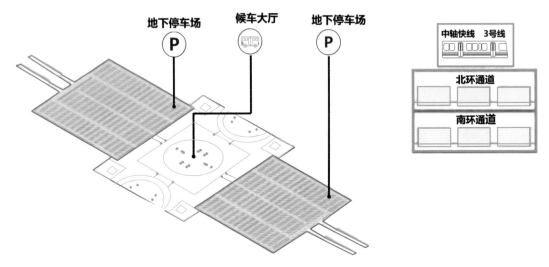

图3-15 杭州西站地下交通组织示意图

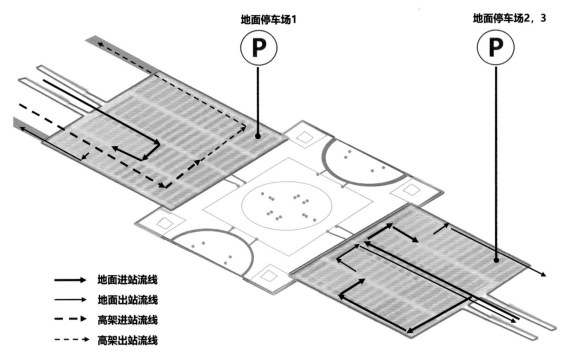

图3-16 杭州西站地面进站交通组织示意图

3.1.7 河北雄安综合交通枢纽

1）项目概况

地处河北省保定市雄县的铁路客运站——雄安站，隶属中国铁路北京局集团有限公司北京车务段管辖，服务范围主要是雄安新区。如图3-17所示，共有三条城际铁路（京雄线、津雄线、雄石线）和两条高速铁路（京港线、雄忻线）在雄安站交汇。作为雄安新区开发的第一个重大项目，雄安站设计美观、规模宏大。雄安站外形呈水滴状椭圆造型，体现了雄安新区的水文化，站房面积47.52万m^2，相当于6个北京站。

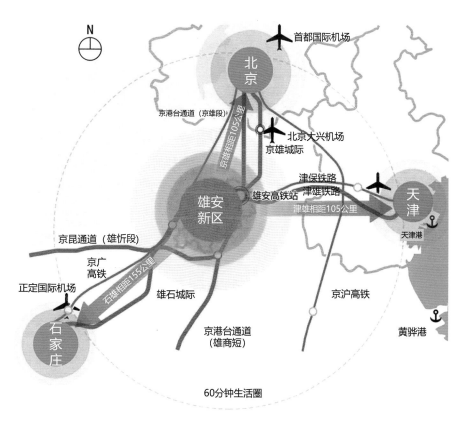

图3-17 河北雄安综合
交通枢纽战略区位示意图

通过京津冀高速铁路网的建设，雄安新区与区域内主要城市间的联系更加紧密。雄安站将成为新区对接京津冀的桥梁，联系全国的纽带。雄安站的建设肩负着重要的城市经济发展使命，必将加快聚集枢纽片区产业功能，从而提升对高端人才的吸引力，成为京津冀城市群中新的"吸引极"。

"疏密有度、合理分布"是雄安站综合交通枢纽所坚持的规划理念。在规划过程中，在统筹考虑土地资源与未来发展的基础上，确定合理的人口密度和规模。雄安站综合交通枢纽地上总建筑面积约为759.2万m^2，具体空间布局包括：住宅规划区约129.7万m^2，商业区约169.4万m^2，商务办公区约356.9万m^2，居住配套设施约10.3万m^2，公共服务设施约39.9万m^2，公共设施约4.6万m^2，雄安站约38.7万m^2，铁路生产生活配套设施约9.7万m^2。

2）交通供需特征与规划设计理念

为提高雄安站交通集散的效率，应以雄安站为核心，加强雄安站与其他城市交通方式的联系。打造慢行优先区域，分离片区内车行交通与步行交通，优化换乘体验是紧密衔接雄安站与各交通方式的基础。在规划设计中，充分考虑了雄安站集散客流选择的交通方式与可利用的交通空间形式，建立的立体交通联系方式涉及地上、地面、地下三层。通过设计高质量的步行系统，紧密联系了东西两侧的步行交通。

作为综合交通枢纽，在"站城一体化、零距离立体换乘"的规划目标引导下，雄安站具备国铁、道路交通、城市轨道三类交通的换乘功能，并建有完善的配套工程，如出租车场、公交车场等。基于上述规划方案，雄安站具有庞大的客流量，繁多的业务种类和内外部接口，以及更加严格的服务要求，是各类交通节点汇集地，也是雄安新区的交通中枢。

如图3-18所示，雄安站枢纽片区功能板块的布局形式是由内向外的圈层化布局，在TOD理念的指导下，各圈层布设综合考虑与交通枢纽联系的紧密程度、雄安新区产业发展特征、周边城市产业发展意向。在实现规划目标中"站城一体化"的同时，不能忽视枢纽片区土地的多维混合开发，保证片区功能的多元化和活力，从而吸引更多投资，为今后重要产业的落地和未来的发展提供坚实的空间格局支撑。

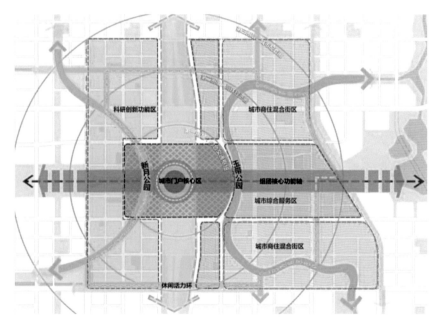

图 3-18 河北雄安综合交通枢纽规划片区功能结构图

3）绿色出行体系

在实现"绿色出行"总体规划目标的指引下，雄安站枢纽片区的交通系统遵循"公共交通+慢行交通"优先的原则，计划在未来有90%的出行者选择绿色交通出行，其中80%机动车方式的出行者选择乘坐公交出行。

采用步行尺度规划高质量步行系统，规划时从行人角度出发，尽可能减少步行距离，提高步行舒适度。通过融合步行系统与公交系统，集中体现雄安站"绿色"的规划理念。枢纽东西两侧以人的活动需求为前提。传统的枢纽站片区仅仅是一个单一的交通集散空间，而雄安站融合城市带状公园的特点规划站前集散广场，给旅途中的乘客一个包容的、有活力的、人性化的场所。

公共交通是典型的绿色出行方式，建设高密度的公交网是践行"绿色出行"理念的重要举措。打造高铁、地铁、公交多种接驳方式相结合的接驳系统，提高公共交通和慢行交通在道路空间上的权重，从而提升公共交通的服务质量，以创造一个舒适、安全、便捷的适于公交和慢行交通的通行环境。雄安站枢纽片区公共交通规划如图3-19所示。

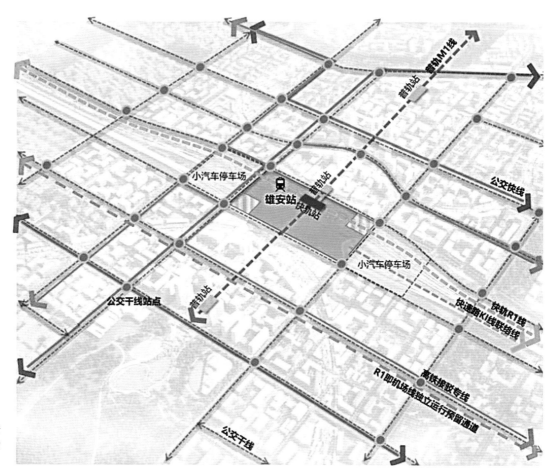

图 3-19　雄安站枢纽片区公共交通规划图

4）机动车流线组织

雄安综合枢纽站区交通具有"人车分流、快慢分离、高效有序"的特点，如图3-20所示，其交通组织形式突出立体化的特点。高铁站采用"南进南出，北进北出"的交通组织方式，形成了远近距离分流的站区交通流。其中，快速连接线连接南侧接驳场，服务远距离车流；片区干道连接北侧接驳场，服务近距离车流。

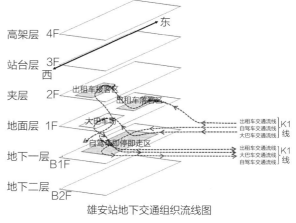

雄安站地下交通组织流线图

图 3-20　雄安站枢纽片区交通组织流线图

3.1.8 深圳前海综合交通枢纽

1）项目概况

在相关城市规划中，前海交通枢纽及周边地区被规划为前海湾地区商务服务中心，城市CBD的组成部分，21世纪滨海城市形象的标志性地区。前海综合交通枢纽项目作为前海合作开发区的启动项目，是区域交通联系的基础，具有重要的战略意义[11]。

项目规划包括穗莞深城际线、深港西部联络线和深圳地铁1、5、11号线，重点是由建筑开发和地面交通接驳场站构成的综合枢纽[12]。其中，交通设施汇集了城际轨道、城市轨道、普通公交、出租车、社会车辆等多种交通方式形成的综合交通枢纽[13]；建筑开发是由口岸联检设施、商业、办公楼、酒店、文化设施及服务式公寓等业态组成的多元化、多层次的城市综合体。

2）枢纽规划设计理念

前海枢纽对外交通组织如图3-21所示，其枢纽规划设计理念如下：统筹考虑上盖物业特点，布设轨道设施。由于深圳前海综合交通枢纽的区位特点，其轨道线站位的布设在常规因素外，还要统筹考虑一些不确定因素和上盖建筑布局开发对规划的影响。这不仅是前海枢纽规划的难点，更是在规划思路上最大的特色和亮点。

"公交优先"的接驳设施布局。以换乘大厅为核心布设各种接驳设施，在保证空间布局紧凑凝聚的基础上，优先布设轨道接驳设施，提升换乘便利性和可达性。与此同时，统筹考虑同枢纽接驳功能和服务周边地区功能建设常规公交场站，也是"公交优先"理念的重要体现。

各类交通流线组织有序，特征差异大的交通流相互分离。对外交通组织结构特点是远近距离交通分离。南坪快速路及地下道路服务远距离接驳交通，与枢纽北侧连接；近距离接驳交通集散路经是周边的地面道路，如听海路、航海路等。枢纽内部设有分离小汽车和出租车的设施，提升各接驳道路的衔接效率。

3）枢纽规划方案

前海枢纽布局剖面如图3-22所示，枢纽综合考虑不同设施层高要求，采取近远期错层设计方案，近期采取地面1层、地下5层共6层立体布局方案；远期采取地面1层、地下4层共5层立体布局方案。其中，地面层、地下一层及二层为枢纽主要换乘区域，标高一致，整体贯通。远期地下三层及四层为枢纽轨道站厅、站台；近期地下三层、四层、五层均为枢纽配套停车层。

地面层主要包括地面换乘广场、公交场站、近期出租车场站、旅游大巴停车场、海关口岸（预留）、公共通道以及物业开发等设施。

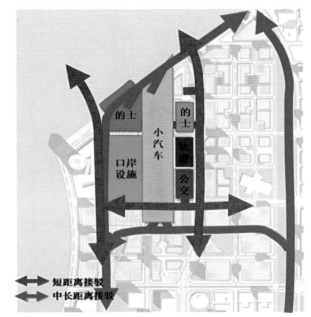

图3-21 深圳前海枢纽对外交通组织结构示意图

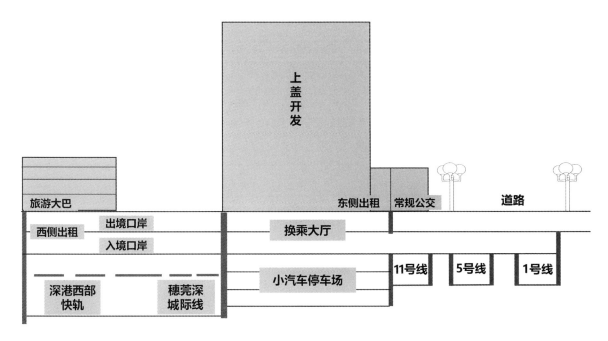

图 3-22　深圳前海枢纽布局剖面图

　　地下一层包括深港西部快轨出境口岸大厅，出租车场站下客区，地下换乘大厅，轨道 1、5、11 号线设备区，海关办公、联络通道以及部分物业开发等。

　　地下二层包括 1、5、11 号线站厅，深港西部快轨入境口岸大厅，以及换乘大厅，出租车场站上客区，公共通道，轨道 1、5、11 号线部分设施区和配套停车场等。

　　地下三层包括深港西部快轨和穗莞深城际线站厅，1、5、11 号线站台，枢纽设备用房和配套地下停车场等。

　　地下四层包括深港西部快轨和穗莞深城际线站台，以及配套车停车场等。

　　地下五层包括枢纽地下小汽车停车场及附属设施等。

3.2
经验借鉴

3.2.1　高铁枢纽接近城市中心布局

　　与城市之间的可达性是高铁型综合交通枢纽选址的关键指标，因为这直接影响人们的出行选择和高铁枢纽的利用效率。因此，高铁枢纽的选址应尽量考虑现有城市中心位置和城市居民出行习惯，形成合理的交通枢纽布置。位于城市边缘区的高铁枢纽，应配备良好的接驳换乘体系。综上，加强与城市的交通联系，对高铁枢纽建设至关重要。

国外由多个车站组成的大都市铁路枢纽大部分建设在城市核心区，具有良好的可达性。而国内考虑了城市核心区脆弱的自然环境与交通环境，上述理念难以移植推广，大多数城市将铁路站规划在城市外围。但在我国城市公共交通系统得到快速发展的今天，综合枢纽型的铁路车站选址理念将产生重大变化，将铁路车站特别是城际铁路车站布设在城市中心区将越来越具有优势。未来，应同步开展枢纽规划设计与片区城市规划设计，城市功能模块应结合综合交通枢纽布局，建立枢纽交通系统与城市交通系统更紧密的联系，进而提高枢纽服务水平[14]。

3.2.2　以轨道为依托的多方式接驳集中布局

显然，中心区枢纽综合体最主要的功能是换乘接驳功能，通常以轨道交通作为主导接驳方式，常规公交、小汽车等多种交通方式围绕轨道交通发挥功能。换乘接驳功能的实现需要一些交通接驳设施，通常包括便捷的轨道接驳系统、中小型公交场站、小型出租车场站以及受限制的小汽车场站[15]。

轨道交通因其在交通能级层面上的高运能，成为对外客流集散的最佳方式。因此，国内外设置在城市中心区的枢纽综合体都是以高速铁路、地铁、轻轨为核心布置，具有集中化和立体化的特点。在换乘方式选择上，公共交通（轨道与轨道，轨道与常规公交、出租车）之间的换乘更适于中心区枢纽综合体，因此被优先考虑。私家车是枢纽中必不可少的换乘方式，为节约站前广场面积，以及避免机动车和行人之间的干扰，其组织方案一般为布设地下停车场。放任私家车进入中心区枢纽内部容易引起交通组织混乱，为避免这一现象，通常布设小面积的停车场或者提高停车费，从而实现"公交优先"理念。

城市中心区土地资源紧张，枢纽车站只有采取集约化的交通设施布局方式才能在较小的用地规模条件下，实现大量客流的接驳。此外，城市路网规划时应考虑旅游大巴、出租车、小汽车等中长距离交通的服务设施，使之能便捷地进出城市干道，减少不必要的车辆绕行时间，降低对周边交通和环境的不利影响。

3.2.3　以立体分层组织方式实现直接换乘

人们希望出行是安全、舒适、便捷的，因此对枢纽综合体中换乘设施及空间的便捷、舒适性提出了更高的要求[16]。这些都要求规划设计人员转变过去"重管理、轻使用"的思路，更多地从出行者的角度出发，考虑人的需求。

城市综合交通枢纽的换乘主要包括直接换乘、间接换乘及方便换乘三类。直接换乘相对另外两类具有最短的换乘时间，因而其换乘质量和舒适度最高[17]。当前，直接换乘在枢纽的换乘模式中占比逐渐升高，清晰的管道化接驳方式是直接换乘的实现基础，空间上体现为涵盖地面、地下、空中的立体分层流线组织形式。

3.3
一体化衔接的关键要素剖析

3.3.1 枢纽布局规划与城市整体规划统筹协调

城市整体规划对城市的经济结构、空间结构、社会结构等各方面的发展进行了统筹协调，预测了城市人口及用地发展规模，划定了城市发展范围，确定了城市建设与发展用地的空间布局、功能分区，以及区域中心、副中心等位置；对确定铁路、港口、机场等城市对外交通系统主要设施的布局和规模，城市内部主次干道系统的走向、断面、交叉口形式，城市主要广场、停车场的位置和容量等具有指导意义。

铁路客运枢纽是城市基础设施的重要组成部分，其选址新建及旧址改造均与城市的发展规划相互影响、相互作用[18]。在研究枢纽内铁路客运站布局时，应与城市的总体规划相协调，重点结合城区道路和城市轨道交通网的规划布局，用一体化的综合交通枢纽带动和促进城市的经济发展，加强城市对外辐射功能。

3.3.2 公共交通主导下的多种交通方式协同运行

为提高城市对外与对内交通的转换效率，保证客流的集散结构与需求相匹配，使客流便捷高效地集散，铁路客运枢纽应以公共交通为主导，引入不同层次、不同服务范围的城市交通方式。

城市轨道交通因其发车密度高、容量大、通过式候车等特点，使得乘客在枢纽停留时间短。考虑上述因素，城市轨道交通站点的占地面积一般比较小，在以铁路为核心的综合交通枢纽设计中，城市轨道交通车站通常跨坐在铁路客运枢纽之上或在铁路客运枢纽地下布置[19]。

城市地面公交有覆盖范围广、可达性强等特点，是铁路客运站客流集散的重要方式。在特大型和大型城市，地面公交往往作为城市轨道交通的辅助；在中小城市，轨道交通发展不足，城市公交仍然是铁路客运枢纽最重要的衔接方式。铁路客运枢纽的公交线路包括到发线路和途经线路，为减少市内交通和对外交通的相互干扰，不能过多地将城市的公交线路引入铁路客运枢纽并设置公交终点站，应适当安排部分线路设置为途经线路。

出租车服务于个体交通，应有序、统一进行组织，对于客流集散量大的铁路客运枢纽一般采用载客区、落客区、候车区分开布置的形式，特别是对于新建铁路客运枢纽，针对有意愿乘坐出租车的旅客对步行距离比较敏感的特点，宜采用高架匝道或下坡道形成"高进低出"接驳方案，把出租车的载客区和落客区放在更加靠近进出站的位置，更接近铁路客运枢纽内部[20]。

3.3.3 站厅立体化布局与空间综合利用

铁路客运站在枢纽内的布置，应以方便旅客乘降为原则，通过减少乘客在不同交通方式或线路间换乘的行走距离和行走时间，提高位移过程中的完整性、方便性和快速性，在不同的线网间和更大的范围内实现一体化的客运服务，为乘客提供优质高效的运输服务。

我国早期建成的一些大型客运站主要通过站前广场与城市交通进行衔接，由于站前广场、站房、站场均采用平面布置，占地面积大，因而与客运站相关配套的常规公交站、出租车停靠站、停车场等集散设施只能在周围分散化布局，普遍存在布局不紧凑、旅客走行距离过长，以及各种流线的交叉干扰等问题。同时，由于大量的人流和车流在广场上汇集，单凭地面一层广场难以实现人与车、车与车的有效分流。因此，应采用立体化、渠化的建筑布局形式把不同性质、不同方向的交通流分开，综合集约利用空间资源，合理布局不同交通工具的到发场及停车场等静态交通设施，从而增强整个综合交通枢纽的通过性。

本章参考文献

[1] ZACHARIAS J，张秋扬，刘冰. 东京车站城：铁路站点成为城市地区[J]. 城市规划学刊，2015（5）：120-122.

[2] Architekten von Gerkan, Marg und Partner. 柏林中央火车站，柏林，德国[J]. 世界建筑，2018（4）：48-55.

[3] 侯明明. 高铁影响下的综合交通枢纽建设与地区发展研究[D]. 上海：同济大学，2008.

[4] 赵海波，董润润，刘武君. 建设虹桥枢纽服务区域经济——上海虹桥综合交通枢纽规划与运营[J]. 城市规划，2011（4）：55-60.

[5] 张胜，黄岩. 上海虹桥综合交通枢纽总体设计[J]. 上海建设科技，2007（5）：1-6.

[6] 郭炜，郭建祥. 上海虹桥综合交通枢纽总体规划设计[J]. 上海建设科技，2009，（3）：1-6.

[7] 龙俊仁，宗传苓，覃矞. 广深港客运专线福田站选址规划研究[J]. 城市轨道交通研究，2011，（7）：23-27.

[8] 宗传苓，谭国威，张晓春. 基于城市发展战略的深圳高铁枢纽规划研究——以深圳北站和福田站为例[J]. 规划师，2011，27（10）：23-29.

[9] 覃矞，龙俊仁，宗传苓. 深圳市福田站综合交通枢纽规划研究[J]. 都市快轨交通，2011，24（5）：21-26.

[10] 于晨，殷建栋，郭磊，等. "站城融合"策略在高铁站房设计中的应用与研究——以杭州西站方案设计的技术要点分析为例[J]. 建筑技艺，2019（7）：45-51.

[11] 龙俊仁，宗传苓. 深圳市前海综合交通枢纽工程可行性研究报告[R]. 深圳：深圳市城市交通规划设计研究中心，2013.

[12] 赵鹏林，刘永平. 综合交通枢纽现状、困境及解决途径——以深圳市为例[J]. 城市交通，2016，14（3）：54-60.

[13] 覃晴. 站城一体化开发理念在深圳前海枢纽的应用[J]. 都市快轨交通，2015，28（4）：51-56.

[14] 贾铠针. 高速铁路综合交通枢纽地区规划建设研究[D]. 天津：天津大学，2009.

[15] 王玮. 中心区枢纽综合体规划布局策略——以前海枢纽为例[J]. 地下空间与工程学报，2015，11（4）：811-818.

[16] 周凯科. 基于交通网络的综合客运交通枢纽对外衔接对策研究[D]. 西安：长安大学，2008.

[17] 王晶. 基于绿色换乘的高铁枢纽交通接驳规划理论研究[D]. 天津：天津大学，2011.

[18] 邓锟. 轨道站点交通一体化衔接规划研究[J]. 城市建设理论研究（电子版），2013（24）：1-5.

[19] 张彤. 铁路客运枢纽与城市交通衔接问题的研究[D]. 成都：西南交通大学，2011.

[20] 杨涛，孙俊，凌小静，等. 轨道交通与地面交通一体化衔接研究[J]. 建设科技，2014（3）：135-136.

4

第4章
高铁枢纽与城市交通
衔接的客流预测

4.1　传统高铁枢纽与城市交通衔接的客流预测

4.2　"站城融合"视角下的客流预测

4.3　高铁枢纽旅客到离站交通方式结构预测

近年来，建设以高铁车站为主体的综合交通枢纽成为城市规划的重点之一，而实现综合交通枢纽与城市交通高品质衔接的基础与核心是合理科学的客流预测分析。为实现高铁枢纽满足乘客便捷高效的换乘需求，同时避免换乘设施资源的空置浪费，高铁枢纽换乘系统的资源配置需要基于高铁站换乘衔接客流的需求量进行合理规划设计。随着"站城融合"发展要求的提出，高铁站换乘衔接客流组成不再局限于集散客流，其多样化的衔接客流组成也对交通需求预测方法提出了更高的要求。基于"站城融合"新型高铁枢纽发展理念，深入研究枢纽客流形成和发展机理，将枢纽客流需求分解为枢纽交通功能性客流需求、背景性客流需求，以及城市职能性客流需求，并结合"站城融合"理念进行枢纽客流的叠加预测，最终构建"站城融合"新型综合交通枢纽客流预测体系与方法。

4.1
传统高铁枢纽与城市交通衔接的客流预测

4.1.1 衔接客流组成及特征

1）集散客流

高铁枢纽的集散客流为枢纽场站所发生的出发客流和吸引的到达客流，是城市对外交通设施内外客流转换产生的出行需求，根据客流方向可划分为集聚客流和疏散客流[1]。

枢纽集聚客流具有集散方式多元化和客流时效性强两个主要特征[2-4]。基于出发地的差异，乘客对换乘交通方式的选择也会因为其社会经济属性不同以及某次具体出行的出行特征不同而不同。另外，由于列车发车时刻是固定的，乘坐高铁、动车等的旅客必须在列车发车前规定的时间内到达枢纽，并预留办理相关手续的时间。基于枢纽集聚客流的主要特征，集聚客流具有很强的聚集性。在时间上表现为枢纽具有客流高峰期，即某一时间段内枢纽区域内集聚大量的客流。在空间上主要表现为，乘客集中在进站口、检票口等手续办理通道。尽管乘客从城市各个区域通过不同的交通方式到达高铁枢纽，但在高铁枢纽都需要完成购票、取票、检票进站、安检等环节，故乘客一般需要提前到达高铁枢纽，预留至少半个小时的手续办理时间，此时枢纽内部集聚的客流量较大。

枢纽疏散客流特征主要表现在对疏散效率与疏散准时性的要求较高，以及疏散交通方式选择多样化两个方面[5, 6]。在位于国家干线高速铁路网络上的高铁枢纽内，为避免大量客流集聚，到站列车所产生的大量客流必须尽快通过多种交通方式进行疏散。另外，到站列车带来的客流又受到疏散时间的限制，这对枢纽疏散效率与疏散准时性提出更高的要求。随着我国经济的快速发展和居民生活水平的日益提升，时间本身的价值越来越被人们重视，而且出行引起的疲劳也容易令乘客倾向于选择准时、快速的疏散方式。此外，由于疏散方式选择的不同，疏散客流在空间上分布不均匀，有的分布于公交场站、地铁入口，有的分布于地下停车场、地面停车场。

2）诱发客流

高铁枢纽诱发客流是由于高铁枢纽及其运营线路新建或改建，使得交通设施条件改善产生的客流量以及高铁枢纽建成引导城市发展和枢纽周边土地开发强度变化产生的新客流[7]。

高铁枢纽诱发客流有两种类型[8-10]：一是近期需求释放型诱发客流。这部分客流量是由原有的潜在交通需求因交通条件得到改善，交通供给能力和水平的提高，而转化产生的交通客流量，主要发生在城际铁路网建成初期。二是中远期经济增长型诱发客流。由于高铁枢纽建成和铁路线路运营推动了周边土地开发，改善了周边投资环境，因而刺激了当地经济活动产生了新的客流需求，这是"从无到有"的过程。

因此，高铁枢纽诱发客流主要具有以下特性[11-14]：

（1）潜在性。潜在性是指高铁枢纽建成后，改变了原有的交通系统结构，改善了交通服务条件，降低了交通运输成本，使得原本受交通条件制约的非主观意愿避免或减少的潜在交通需求形成。同时高铁枢纽的建成对该区域的用地布局产生影响，促进了经济结构、交通出行的变化，产生诱发客流量。

（2）区域性。区域性是指高铁枢纽这类交通基础设施建设项目的影响范围具有一定的局限。铁路线路结构的变化会对周边区域的用地开发、经济结构和交通出行产生影响，甚至产生辐射全国的影响力，但更多高铁枢纽建设项目带来的影响是有限的，主要波及周边省地市。同时，由于枢纽所在的城市地理位置、城市发展程度以及当地经济水平的不同，不同枢纽项目辐射范围具有较大差异，诱发客流的存在与否并非绝对。

（3）有限性。有限性是指高铁枢纽建成后对用地布局开发和经济水平增长的刺激效果不会持续增强。诱发客流量会随年限逐渐增长，但诱发客流的增长速度不会越来越快，当其增长到一定程度将会变得非常缓慢，最终收敛趋于一个稳定界限值。

（4）滞后性。滞后性是指诱发客流量大规模增长与高铁枢纽项目建成有较大的时间差。在高铁枢纽建成后，短期内一部分原有的潜在需求会立即快速释放，但大部分诱发交通量将待沿线区域土地开发和经济发展后的一段时间才逐渐显现。

基于高铁枢纽诱发客流潜在性、区域性、有限性以及滞后性的特性，高铁枢纽诱发客流量的形成发展曲线，如图4-1所示，呈S形曲线，包含三个阶段：前期客流形成阶段、中期快速发展阶段和远期逐渐稳定阶段。

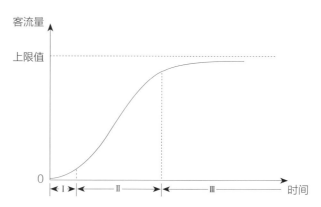

图 4-1　高铁枢纽诱发客运量的 S 形生长曲线

4.1.2　衔接客流影响因素

1）集散客流影响因素

高铁枢纽作为旅客与外围区域集散的枢纽节点，其到发客流量和城市的宏观社会经济属性密不可分。因此，可从经济、产业、区位、人口、消费五个方面展开分析枢纽客流分布的影响因素[15-19]。

经济类活动活跃程度越高，不同城市或不同区域之间的人员流动越频繁，从而交通枢纽产生更多的集散客流。高铁枢纽所在城市一般属于经济发展较快的地域，随着城市经济水平的提升，集散客流量也逐渐增加。一方面，经济水平提升，人员与物资的流通速度不断提高、规模不断扩大，交通出行需求也随之增加。另一方面，高铁运输供给服务水平在经济发展的支持下持续提升，在很大程度上增强了高铁方式对乘客出行的吸引力。

从产业发展的市场需求来看，相较使用自然原始材料的第一产业和进行原始材料加工的第二产业，为生产生活提供服务、以流通为基础的第三产业的发展对交通需求变化的影响程度更大。区域产业聚集将会对人员产生较大的吸引力，随着枢纽所在区域的产业布局的优化调整，集散客流量规模也随之变化。

区位是一个综合概念，强调的是地理位置与人类活动之间的联系，包括枢纽所在城市的政治区位、文化区位和交通区位三个方面。城市区位优势明显，人员流动也会更广泛，从而带动城市高铁枢纽的集散客流的增长。反之，若区位条件不佳也将限制客流的增长。

人口是集散客流的源头，人口数量、人口构成都会对客流产生影响。集散需求一般与人口规模成正比。城镇化建设进程的加快，人口呈现集中化趋势，人员流动也相对频繁，集散交通需求也逐渐增加。

消费水平也是影响集散客流量的重要因素。人们的消费水平在某种程度上决定着旅客对运输方式的支付能力，从而通过影响旅客的出行方式选择间接地影响集散客流。消费水平的提高使得人们能够负担更远距离的出行，也更倾向于选择更高品质的出行服务。随着消费水平的提高，使用高铁的出行目的不再局限于基本的生存需求，商务、旅游、访友等目的的多样化出行需求比重将逐步增加。此外，人们将不局限于使用单一的交通方式完成出行，需要综合利用多种交通方式通过多阶段来实现完整出行。

2）诱发客流影响因素

高速铁路枢纽不仅承担着城际间的交通联系功能，还兼具着与城市内部交通换乘衔接的作用。根据高铁枢纽诱发客流特征的分析，诱发客流主要受到城市经济发展水平、交通设施条件、枢纽周边区域及沿线土地开发强度等因素的影响[7, 12, 20, 21]。

（1）城市经济发展水平：城市的经济发展水平最为直接地支撑了枢纽站点内部结构和外部换乘衔接的建设费用，与此同时又间接影响了城市交通需求结构、居民出行距离等出行特性。经济较为发达的城市，其枢纽建设规模会相应扩大，居民出行需求更加多样，并且出行距离会在枢纽影响作用下延长，从而诱发更大规模的客流增长。反之，经济欠发达地区的客流增长上限值则会受到一定程度的制约。

（2）交通设施条件：包含新建或改建的高铁枢纽站点规模、线路走向规划以及与城市内部其他交通方式的衔接组织等。高铁枢纽的站点规模和线路规划会决定出行者在城际出行时是否选择将原有隐性需求转变为使用高铁方式出行，当线路规划可以连通其出行起终点时，则会诱发新的出行需求。高铁枢纽与城市内部其他交通方式的衔接便利程度，既会影响枢纽站点的可达性，也会在一定程度上影响客流发展水平。这主要体现在当高铁枢纽具有方便快捷的衔接换乘交通方式时，出行者更愿意选择高铁出行；反之，则有可能选择其他出行方式，如公路、航空等。

（3）枢纽周边区域及沿线土地开发强度：高铁枢纽站点周边及沿线的土地开发强度越强，越容易促进人口的出行流动，实现客流的增长。城市客流既会通过高铁枢纽实现跨城际的商务、就业、求学、回家、休闲娱乐等多目的的出行；另外，高铁枢纽自身也会带动周边土地开发，促使商业、办公、住宅等多种类型组团开发，从而刺激中远期诱发客流的增长。

4.1.3　预测方法

1）集散客流预测方法

集散客流预测是基于城市社会经济发展、居民出行调查等数据的应用，选择特定的预测方法，动态分析客流发展，预测未来几年客流及其发展趋势。高铁枢纽集散客流预测从预测方式上可划分为定性预测和定量预测两类预测方式[22, 23]。定性预测方法基于历史经验与主观判断进行预测分析，主要有专家调查法、运输市场调查法等。定量预测方法依赖客观的数学模型进行预测分析，主要有基于历史数据的时间序列分析法、基于影响因素的回归分析法，以及增长率法等。从时间维度上划分，高铁枢纽集散客流预测又可分为宏观长期客流预测和微观短时客流预测。

选择合适的预测方法与模型是保证枢纽客流预测合理准确的重要前提。预测方法选择的技术路线如图4-2所示。

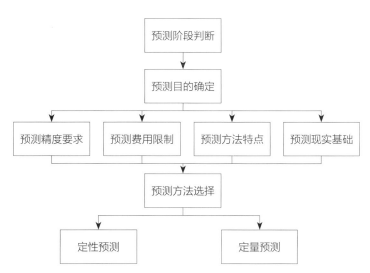

图 4-2　高铁站集散客流预测方法选择技术路线

首先，判断枢纽客流预测阶段。在不同的阶段，枢纽客流预测目的与要求不同，此时数据的使用和各因素之间也具有不同的关系。比如在高铁枢纽规划阶段的客流预测，主要通过类比同等规模城市同类性质的枢纽站进行预测；在高铁枢纽运营阶段，客流预测可以根据历史客流数据进行定量预测分析。

其次，确定预测的目的，需针对不同的预测目的，选用相对应的预测方法。预测目的可以划分为宏观与微观两个层面：在对整个铁路客运市场进行宏观预测时，专家调查、运输市场调查等定性预测方法更为合适；在预测某一天特定列车的客流时，更适合选择时间序列预测法、回归分析预测法等定量预测方法。

最后，结合预测精度要求与预测费用限制，选择预测方法。预测的精度和费用存在正相关关系。通常情况下，预测精度越高的方式，其相应所需的预测费用成本也越高。所以，决策者在选择预测方法时，不仅需要考虑预测精度，还要考虑所需的预测费用，根据预测目的在精度与费用之间取得平衡，综合确定最合适的预测方法。在进行预测精度要求不高的客流估计时，建议选用定性预测方法，此类方法对数据要求不高，且预测费用较低；而在进行需要较高准确率的客流分配预测时，一般建议采用定量预测方法，为设施建设与运营管理提供更精准的支持。

在最终确定预测方法时，预测方法的特点和现实基础也是需要纳入考虑的因素。选用的预测方法需根据预测对象所提供的历史数据质量、规模和模式进行调整。当历史数据规模较小时，更适合选用定性预测方法；当历史数据规模较大且精度较高时，更适合选用定量预测方法。在选择预测模型时，有必要考虑数据的可获得性以及数据的结构和规模。在选择预测方法时，应在考虑预测方法的特点和适用条件的基础上，结合数据、资金、人力、设备等实际因素，选择更为简单有效、易于理解的模型。

2）诱发客流预测方法

同上所述，高速铁路枢纽诱发客流可分为因交通设施条件改善引起的近期需求释放型客流和因经济水平提高引起的中长期经济增长型诱发客流。基于前文对高铁枢纽诱发客流的概念、成因和生长机理的分析研究，提出如下高铁诱发客流预测技术指导思想[8, 9]：

（1）针对不同类型的诱发客流分别预测

通过对诱发客流的组成及相应的特征的研究分析，不同类型的诱发客流形成的时期、产生的原因有较大的差异。由此在预测高铁枢纽诱发客流量时，应根据诱发客流的类型、特点以及影响因素，分门别类地选择针对性方法进行预测分析，然后再叠加分析。

（2）选择合适的因素、参数和模型

在分型预测思想的指导下，分别对近期需求释放型诱发客流量和中远期经济增长型诱发客流进行建模预测。基于产生原因与形成时期的不同，考虑不同的影响因素，建立不同预测模型，且建模时引入不同的参数，使得预测模型既能够反映该类诱发客流的形成机理，又符合该类诱发客流的增长规律。

4.2 "站城融合"视角下的客流预测

4.2.1 "站城融合"高铁枢纽功能定位

现阶段，我国在综合高铁交通枢纽的规划设计方面有着显著的突破，在枢纽的交通功能与布局、周边土地利用与开发、上盖物业的一体化规划工作方面不断取得丰硕的成果，高铁客运枢纽正在发生新的变革。随着"站城融合"理念的不断深入，我国新一代高铁枢纽的发展有了新思路和新变革。高铁枢纽作为城市内外交通连接的节点，越来越受到规划者的重视。高铁客运枢纽的这种变革是多维度的，传统的交通功能转为多功能的布局，从简单的运营管理转变为更加个性化的管理，客流和车流的流线也转变为穿越形式[24, 25]。新型高铁枢纽的规划理念转变带来了集休闲商业、个性化出行功能于一体的新型空间布局，有着绿色环保、智能便捷等特点[26]。作为这种变革下的产物，"站城融合"理念下的高铁枢纽将成为一种新型的开发建设理念，是大中型城市高铁枢纽规划建设的全新方向。

铁路枢纽的发展历经四代，从传统的客运站到后来的综合枢纽，再融合城市节点转化为新一代的枢纽场所，高铁枢纽站所承担的功能集交通、换乘、服务、体验于一体，高铁枢纽的复合功能已超出了交通的范畴，具备空间体验与智慧共享的特征，成为新的客流集中区，客流特征更加多元丰富。新一代高铁枢纽客流需求的预测与传统高铁枢纽客流预测的方法存在差异，需要体现新时期高铁枢纽客流的多样性。

1）枢纽规划范围

枢纽的规划范围作为枢纽规划建设的基础和前提，其划定方法仍缺乏相关标准与规范。与高铁综合交通枢纽的设施布局以及交通流线组织规划类似，枢纽规划范围的确定应从多个层次来进行[27-30]。

（1）总体研究范围。此范围的确定应依照高铁枢纽的服务区域。由于高铁枢纽的铁路网络分布及其等级不同，枢纽的服务区域可分为市域或是区域，同时也可分为城区和枢纽的周边区域，据此，枢纽的总体研究范围也应与之相对应。枢纽交通需求特征分析和交通需求预测应以在该范围内的分析为基础，结合枢纽的周边集疏运网络分析，明确整体层面的高铁枢纽总体功能和布局。

（2）枢纽影响范围。该区域为高铁枢纽周边和枢纽体有着紧密关联但又不是直接关联的范围。枢纽影响范围一般半径划定约为1km，也就是仅通过步行即可到达的区域，可通过枢纽周边区域的交通网络布局来具体确定。枢纽影响区域类似于该枢纽的核心区域和城市的中心区域的缓冲区，起到枢纽与城市之间的衔接功能，此外那些由于土地紧缺而导致缺失的并能很大程度上服务于枢纽的重要设施也可以布置在该范围内，例如公交接驳的停车场等。

（3）枢纽核心范围。该区域为枢纽与枢纽体建筑空间以及相应的公共区域直接发生关联的范围。一般应包括以枢纽为中心周围500m范围内的区域，具体距离应结合枢纽该区域内的交通网络布局来确定。由于与枢纽体直接关联的设施设备都在此该范围内，因此应综合考虑枢纽该范围内的地面与地下空间的设施和相应的流线规划，将服务于该枢纽范围的重要设施设备重点布置，以满足该区域的整体需求。

2）功能定位的层次

明确枢纽的功能定位是做好枢纽区域的交通需求研究、配置好枢纽的设施设备的基础，应分层次分区与对枢纽的功能进行定位[31, 32]。

（1）宏观功能定位：在枢纽的服务区域内，依据高铁枢纽的技术等级和铁路网络的规划布局，从市域、区域的范围研究其宏观的定位；

（2）中观功能定位：在城市中心区域内，分析枢纽地区在城市空间形态和枢纽体系中承担的功能，确定枢纽功能中观层面关于城市节点和交通枢纽的定位；

（3）微观功能定位：在高铁枢纽的影响区以及核心区内部，分析其功能承担情况，确定枢纽功能在周边区域内部的微观定位。

3）功能定位的原则

近年来周边土地利用和上盖物业的一体化开发已成为枢纽地区的新型发展模式，对枢纽的功能需求越来越全面，标准越来越高，其功能定位应遵循以下原则[33, 34]：

（1）将枢纽的交通节点功能设立为规划设计的根本目的；

（2）高铁枢纽城市节点功能的确定不应影响其根本的交通功能，并且城市功能的设计应围绕其交通功能展开；

（3）枢纽周边区域的交通组织需结合其自身的集疏运能力展开，应与枢纽的路网交通服务水平及高峰客流量相匹配。

4.2.2 "站城融合"高铁枢纽交通需求特征

基于我国高铁枢纽高速发展的现状，相关部门提出了枢纽与城市相互协调合作统一发展的先进理念，"站城融合"高铁枢纽体现了该理念的内涵。"站城融合"视角下的高铁枢纽不仅仅具备交通功能，同样也要在建筑空间结构、城市土地利用、城市交通衔接、运营监管制度、旅客整体个性化服务上做出新变革。与传统的高铁枢纽相比，"站城融合"理念下的高铁综合交通枢纽有两方面的变化[35, 36]：一是客流特征的转变，传统高铁枢纽内主要为铁路的集散客流，然而新型高铁综合枢纽除此之外还包括商务和休闲娱乐等城市功能的诱增客流；二是集疏运方式的转变，传统枢纽的主要接驳方式通常相对单一，而新型高铁综合枢纽将则是以轨道交通为主导、多种交通方式共同分担。

高铁城市综合枢纽通常将高铁客运站、长途巴士客运站、游客出行集散中心于一体，同时通过城市轨道交通、公交、小汽车等城市交通设施进行衔接。这种集多种交通方式于一体的方法会带来更多的换乘需求，这将提升周边土地的价值，进而促进周边的社会经济发展。因此将高铁枢纽的交通需求特征划为三类[37-39]：交通功能需求、背景交通需求、城市功能需求。

1）交通功能需求特征

高铁枢纽的交通功能需求特征为枢纽作为集散客运站对外所产生的到发客流需求。在高铁枢纽交通功能需求预测过程中，一般可分别从高铁的客流量以及公路的客流量两方面考虑。在枢纽到离站客流相对均衡的情况下，为了能够准确计算高铁枢纽的建成对于枢纽周边道路交通网络状况所产生的影响，应使用枢纽的高峰时期客流量进行枢纽发生和吸引量的预测[37]。

主要影响枢纽交通功能需求特征的指标包含高铁枢纽的到离站客流量、长途巴士客运站和游客出行集散中心的到离站客流量等。此部分交通特征同时也和该城市的经济水平、产业发展能力、枢纽的区位及城市的人口与消费能力这四个因素有关联[40, 41]。

（1）经济类，人类的经济活动可以直接增加人员在枢纽周边区域里的出行，进而产生客运需求，因此枢纽所在城市的客运需求将随着经济的发展而提高。

（2）产业类，针对产业市场发展的变化需求，第三产业作为服务于流通和生活生产的产业，对城市对外客运需求影响明显高于第一产业和第二产业。因此在发展社会经济以及实施战略开展的过程中，枢纽区域和周边区域的产业生产布局结构也将随之发生变革。

（3）区位类，枢纽城市的区位包括政治、文化和交通三个区位，区位优势越明显，相关区位活动直接产生的人员流动也将更加广泛，进而产生城市的对外客运需求。

（4）人口与消费类，客运需求来源于人口流动，人们的消费能力也可以间接地体现客运支付能力。

2）背景交通需求特征

枢纽背景交通需求是指该城市内部各个组团区域间利用高铁枢纽进行相互换乘的交通需求。影响其需求的因素有各组团区域之间的关联程度[42]、组团间通过高铁枢纽进行换乘的比例等。一般在集成了多种对外客运方式的综合高铁枢纽中，旅客在不同客运方式之间的换乘行为主要取决于其对枢纽不同对外客运运输方式的服务特征的依赖程度。因此，应主要从两个方面预测此类换乘需求[39]：根据旅客第一种对外客运方式中分析对外客运运输方式服务特征的依赖程度；根据旅客第二种对外客运方式的客运运输服务特征分析旅客换乘衔接的可能性。

3）城市功能需求特征

枢纽的城市功能需求主要为由于枢纽周边土地利用开发进而造成的通勤、娱乐、购物等交通需求。城市内部交通客流一般可分为常规公交、轨道交通、出租车和网约车、小汽车以及慢行交通客流。

枢纽城市功能需求特征主要受到以下因素的影响[43, 44]：枢纽土地利用开发的强度、土地利用的性质等。建议在统计调查过程中考虑土地利用、经济、交通等层面的影响。土地利用层面主要包括建筑面积、地下地面广场等，建筑面积越大、地下地面广场功能越完善的枢纽，诱发的客流量越大。经济层面主要包括枢纽提供的就业岗位数等，这是诱发客流量的重要来源。交通层面则是来自城市交通方式的衔接客流，一般交通设施较为完善的高铁枢纽会吸引更多的旅客。

4.2.3 "站城融合"高铁枢纽客流预测方法

基于"站城融合"高铁枢纽的需求特征，其交通需求预测也应从交通功能需求、背景交通需求、城市功能需求三个方面[24]分别进行定性和定量的预测。分别对枢纽周边区域交通功能所集散的到发交通量、城市功能新诱发的生成交通量以及背景交通的换乘交通客流量行预测，将以上三种预测得到的交通需求客流量进行叠加汇总得到交通预测总量，再针对不同的城市换乘衔接交通方式进行客流量分担量的细分，最终得到出行全方式的客流转换矩阵，如图4-3所示。常用的预测方法多为以因素关联作为基础的线性回归分析法、弹性系数计量法，以时间序列法为基本的灰色预测方法，以及一些新型的如机器学习等预测方法[45, 46]。

1）交通功能交通需求预测

交通功能交通需求是由枢纽城市内外到发客流转换所产生的需求，建议从对外交通客流量及城市

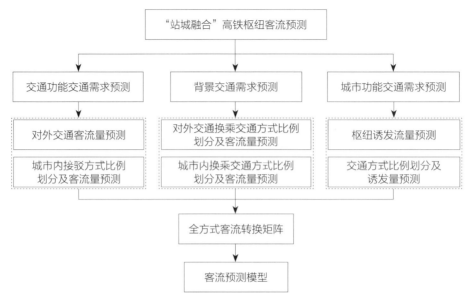

图 4-3 "站城融合"高铁枢纽交通需求预测方法

内交通接驳客流量两方面对交通功能交通需求进行预测：

（1）对外交通客流量预测：根据枢纽对外交通场站（高铁枢纽、长途巴士客运站、游客出行集散中心等）的旅客设计到发能力，确定日客流到发量和高峰小时客流到发量。同时，还应综合分析枢纽的规划设计年限、枢纽高峰小时客流比例，并结合高铁枢纽的等级整体分析。也可根据枢纽的到发客流量来核验枢纽的设计能力，以防止其与实际客流不符造成资源紧缺或浪费。

（2）枢纽与城市交通接驳方式的比例划分及预测：分析城市已经运营和在规划建设期内的交通的接驳方式，预测其比例划分；再根据高铁枢纽高峰小时的到发量计算不同交通方式在高峰小时的接驳客流量[47-49]。

2）背景交通需求预测

背景交通需求是由城区各组团之间换乘产生的需求，主要由对外交通换乘和城市内部换乘两部分组成。

（1）对外交通的换乘交通方式比例划分及客流量预测：首先应综合考虑城市的具体情况，通过分析城市的空间结构布局对枢纽周边区域交通小区进行划分，进而估算各交通小区之间的转换客流量以及利用高铁枢纽进行中转换乘的客流比例，最终确定高铁枢纽的中转换乘客流量以及高峰小时的中转换乘客流量[50, 51]。

（2）城市交通方式衔接换乘比例划分及客流量预测：首先应结合城市的具体情况进行城市的市内衔接方式种类划分，确定不同衔接方式的换乘比例。再调研得到高铁枢纽城市交通的高峰小时换乘流量，计算高峰小时不同衔接方式的中转换乘客流量。

3）城市功能交通需求预测

城市功能交通需求主要为枢纽内由于土地开发利用所产生的以通勤、娱乐、购物、商业等为目的的客流，其强度与枢纽周边用地开发状况密切相关。城市功能交通需求预测主要由以下两部分组成：

（1）枢纽诱发客流量预测：首先应综合考虑枢纽核心范围内的土地利用规划、枢纽地下空间设计、枢纽设施的建筑空间规模规划等实际情况，再估算由于枢纽周边土地开发所导致的诱发交通量以及高峰小时诱发交通量。

（2）交通方式比例划分及诱发量预测：首先应结合城市的具体情况进行城市的市内交通方式种类划分，再确定不同交通方式的换乘比例，最终确定不同交通方式的高峰小时诱发交通量。

4）全方式客流转换矩阵

应根据城市的公共交通规划政策，结合枢纽的城市节点属性，建议在公共交通优先的理念下有针对性地建立预测模型，调整模型参数，以增加换乘交通量和诱增交通量预测数值的适应性和时效性。在充分考虑城市实际情况的前提下，将以上三种交通需求所预测到的客流结果进行叠加，最终便得到枢纽全方式下的"站城融合"理念指引下的高铁枢纽客流总转换矩阵。

4.3
高铁枢纽旅客到离站交通方式结构预测

城市高铁客运综合枢纽承担着城市交通对外集散及对内转换的复合功能，这使得出行者在枢纽内部的换乘决策过程有着多目标特征，其交通流线更为复杂。在枢纽完成出行时，旅客需经历旅客到站、与城市交通衔接换乘然后出发前往目的地三个阶段，过程中涉及许多交通换乘的服务和设施，因此对其中旅客行为特征的捕捉，相较于单一交通方式的枢纽节点而言，变得更加复杂。

随着全国社会经济的高速发展，高铁客运综合交通枢纽已经变成了人员密集流动的主要场所，在承担着庞大客流快速集散功能的同时，也肩负着多样客流换乘转换的重任。因此在枢纽规划建设时，需重点考虑其与城市交通需求的匹配。在高铁枢纽的初始建设阶段，需消耗巨大的人力、物力等资源。为提高枢纽的经济效益，在建设时应具有前瞻性，除满足近期城市客运交通需求，也须准确把握和预测未来的交通运输需求量，使枢纽资源与远期需求相配套。因此，对铁路客运枢纽进行优化的前提是更加精确合理地预测铁路客运量。

4.3.1　高铁枢纽衔接方式划分

作为综合性更广泛的客运枢纽，高铁枢纽往往与多种交通方式衔接换乘，实现不同方式之间的连接。旅客在枢纽内部的换乘选择行为更加复杂和多样，依据换乘时到发方向的差异，可以分成城市对外的换乘衔接以及城市对内的换乘衔接。

城市对外的换乘衔接，即乘客起始点位于城市内部，选择一种或几种城市衔接交通方式抵达高铁枢纽之后，通过高铁运输或公路运输离开枢纽去往其他地方的换乘行为；城市对内的换乘衔接行为，即乘客通过高铁运输或公路运输，从其他起点城市抵达高铁枢纽后，选择一种或几种城市衔接交通方式离开高铁枢纽，到达城市内部最终终点的换乘选择行为。其中，用于枢纽接驳换乘的城市衔接交通方式为轨道交通、公交车、出租车和网约车、小汽车以及非机动车。出行者总体换乘衔接过程也因此可以分为枢纽到达、在枢纽内部换乘以及从枢纽出发这三个阶段。如图4-4为城市对外衔接换乘过程示意图。

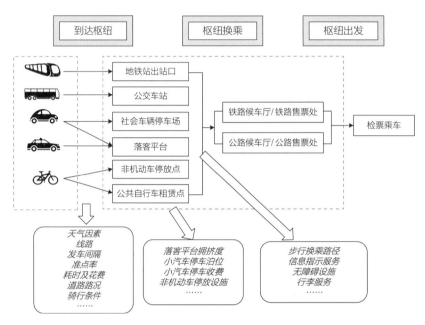

图4-4 高铁综合枢纽旅客换乘方式影响因素示意图

在到达高铁枢纽阶段，外部环境和设施条件极大影响着旅客对设施设备服务水平的感知程度[48, 49]。例如，对于轨道交通和公交的出行方式，路线、准点率、时耗、发车间隔以及费用为主要影响因素。对于小汽车出行而言，道路的运行状况、拥挤程度以及出行的时耗等为主要影响因素，出租车出行的影响因素主要有道路的运行状况、拥挤程度以及出行的时耗和花费等，非机动车出行则主要受出行者的骑行外部条件、骑行的时耗以及花费、出行的天气状况等因素影响。在高铁枢纽换乘衔接阶段，站内及站外换乘设施为服务水平高低的主要评价指标，具体包含枢纽上下客区域的方向引导静态信息标牌、动态信息播报服务、上下客区域到高铁枢纽售票点以及候车大厅的长度、行李打包与运输服务、残疾人无障碍设施设备、私人机动车或非机动车停车设施数量与收费标准、落客区域的拥挤程度等。由此可见，优化与提升高铁综合枢纽的换乘衔接设施设备，尤其是与公共交通的衔接，在提高高铁枢纽与城市交通衔接的换乘效率中起着关键作用，同时也可有效提升旅客对公共交通方式选择的倾向性。

通过对南京南站进行实地问卷调研，将832份样本实例按照不同到离站交通换乘出行方式进行统计，十种典型换乘衔接方式的接驳比例如表4-1、表4-2所示。在高铁枢纽与城市交通衔接换乘方面，南京南站高铁枢纽与城市交通换乘中包含了轨道交通、公交车、出租车与网约车、小汽车以及非机动车。根据样本计算，衔接方式中轨道交通衔接以及出租车换乘这两种方式是枢纽与外围最为重要的换乘衔接方式，换乘比例依次为50.96%以及25.60%。小汽车、公交车和非机动车的分担率依次为12.74%、4.33%、1.20%，这意味着南京南站高铁综合枢纽在与外围城市交通方式选择接驳上有着多种换乘路径。另外，在换乘衔接中旅客的公共出行比例最高，其中轨道交通和公交总占比为55.29%，而汽车出行（小汽车以及出租车）占比相对较低，约为38.34%。

南京南站高铁综合枢纽内外出行衔接方式占比（％）　　　　表4-1

对外出行方式	城市交通接驳方式					
	轨道交通	常规公交	出租车	小汽车	非机动车	总计
铁路客运	44.83	3.97	21.63	10.22	0.48	81.13
公路客运	6.13	0.36	3.97	2.52	0.72	13.70
总计	50.96	4.33	25.60	12.74	1.20	94.83

南京南站高铁综合枢纽与城市交通衔接方式占比（％）　　　　表4-2

对外出行方式	小汽车		出租车		公交		非机动车			
	停放在停车场	落客平台	常规出租车	网约车	市内公交	城乡公交	电动车	自有自行车	有桩公共自行车	共享单车
高铁客运	25.88	74.12	58.33	41.67	75.76	24.24	25.00	0.00	0.00	75.00
公路客运	57.14	42.86	60.00	40.00	66.67	33.33	50.00	0.00	0.00	50.00
总计	28.26	71.74	58.42	41.58	75.00	25.00	33.33	0.00	0.00	66.67

　　将枢纽与城市交通换乘的交通方式进一步细分为公交车、出租车、小汽车以及非机动车方式，如表4-1、表4-2所示。得出的结论为：一体化公共出行已变成居民城市交通出行的主要选择。

　　进一步将对外高铁客运枢纽和对外公路客运枢纽与城市内五种交通换乘接驳方式相交叉，如图4-5所示，得出南京南高铁综合枢纽的集散客流与城市交通衔接的十种状态，共计样本数789份，占总枢纽出行的94.84%。

　　图4-6展示了南京南高铁综合枢纽的集散客流与城市交通衔接的十种模式。分别为高铁枢纽—城市轨道交通（R-M）、高铁枢纽—城市公交车（R-B）、高铁枢纽—出租车和网约车（R-T）、高铁枢纽—私人小汽车（R-C）、高铁枢纽—非机动车（R-N）、巴士运输—城市轨道交通（H-M）、巴士运输—城市公交车（H-B）、巴士运输—出租车和网约车（H-T）、巴士运输—私人小汽车（H-C）、巴士运输—非机动车（H-N）。其中，高铁枢纽—城市轨道交通（R-M）、高铁枢纽—出租车和网约车（R-T）、高铁枢纽—私人小汽车（R-C）是南京南

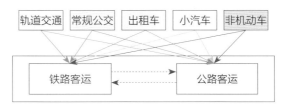

图4-5　南京南站高铁综合枢纽的典型换乘衔接出行模式

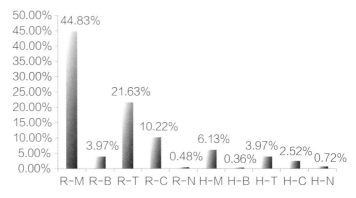

图4-6　南京南站高铁综合枢纽的典型换乘衔接出行选择方式占比

站高铁综合枢纽里面最为常见的三种枢纽内外衔接换乘出行选择方式。

4.3.2　影响衔接方式选择的因素

出行者在选择离站方式时受到多方面因素的影响，出行者其自身对于交通方式的偏好也因人而异，与此同时出行者受到不同的因素的影响效果也不尽相同。对影响出行者衔接换乘方式选择的因素分析如下：

1）个人特性因素

个人特性包括旅客个人属性和家庭属性[50, 51]。旅客个人属性为出行者本身所具备的性质，分为社会经济属性、自然属性以及出行属性。其中，社会经济属性包括：职业、收入等与社会经济有关的可变属性；自然属性包含：年龄、性别、学历等难以更改的性质；出行属性包括：出行时间、同行人数和出行费用等属性。家庭属性为出行者所在家庭的特性，例如，家庭一般出行的交通方式、拥有不同交通方式的数量、是否拥有私人小汽车以及家庭住址等。

2）出行特性因素

出行特性主要包含出行目的和出行距离[52, 53]。

（1）出行目的。一般目的有：外出游玩、探亲访友、外出就医、通勤出差、上班上学等，不同的出行目的往往会导致出行者对于出行费用和时间有着不同的敏感程度。

（2）出行距离。首先，不同交通接驳方式自身的差异化导致了它们在出行距离上的差异化，如轨道交通在中长距离运输中占据优势；公交车在短途距离运输中占据优势；出租车适宜中短途运输；私家车无明显约束。其次，长距离出行的出行者对换乘交通方式的价格以及舒适性有较高的要求，并且长途出行的乘客往往不会选择那些换乘次数较多的出行方式，而较短距离出行的出行者则往往更关注运输方式的便利性和准时性。

3）运输方式特性因素

作为出行者换乘时考虑的根本因素，运输方式特性因素可根据不同程度具体分为定性因素以及定量因素[50]。定性因素是指出行的舒适程度、方便程度、安全程度以及可靠程度等。定量因素一般为时间因素（排队购票时间、排队候车时间、在车时间以及换乘行走时间等）和费用因素（停车费、燃料费、成本费以及运费等）。定性因素在一定情况下也可通过定量化分析转变为定量因素。

4）枢纽环境特性因素

枢纽自身的特性对出行者换乘衔接方式的选择也有一定影响，即出行者对枢纽环境特征的感受认知，这种影响突出体现在旅客离开枢纽的过程中。如枢纽空间大小、布局结构、设施完善程度、站内服务水平等[54-56]，在分析时需通过构建指标来衡量其影响程度。

4.3.3　非集计的衔接方式划分预测模型

对于高铁枢纽与城市衔接的各交通方式客流比例的预测，需根据其运营服务水平和出行交通阻抗建立相关交通方式选择模型。目前在相关问题中，专家学者较多采用非集计的Logit模型，其中具体包含多项Logit模型、混合Logit模型、巢式Logit模型等。目前研究大多采用巢式Logit模型，主要是考虑到该模型对各交通方式选择之间的关联性的原因，对具有相同特性的交通方式进行分类，相较于多项Logit模型中对各选择肢相互独立的前提假设，巢式Logit模型与实际情况更加符合[57, 58]。

据此，高铁枢纽与城市交通方式选择的划分比例预测整体思路为：研究不同衔接方式客流分担率矩阵计算方法，建立高铁枢纽与城市内部交通衔接方式划分预测模型。步骤如下：

1）确定方式类别

市内交通与高铁枢纽衔接主要分为公共交通（含轨道交通）、出租车和网约车、私人小汽车、非机动车以及步行等慢行交通。

2）宏观控制

估计各个换乘出行方式的运量，确定这些衔接方式的出行客流占比，从而宏观调控各个出行方式的交通总量。

3）微观划分

在满足宏观控制的同时，根据定量与定性相辅相成的方法，计算在不同情况下各个交通小区之间各交通衔接方式的占比。具体过程如下：

（1）计算服务水平期望：首先计算效用函数，其数值应该能够代表换乘衔接阶段的服务水平的指标例，例如可以选择旅客的出行时耗来代表经济特性，用排队候车的时长来代表出行的便捷程度和准时程度，通过车辆的满载率来代表舒适程度。

（2）计算服务水平指标：经调查分析后，发现选择私人交通方式衔接的旅客对于枢纽衔接服务水平并不敏感，故最终选择研究公共交通和出租车两类典型交通接驳方式对枢纽衔接服务水平的影响。

（3）构建衔接选择模型：公共交通系统包括城市轨道交通以及公交车，慢行交通系统由非机动车以及步行构成。构建双层离开枢纽的交通衔接方式选择模型，如图4-7所示：第一层为直接选择模式，包括公共交通（PB）、辅助交通（PR）、私人交通（PE）以及慢行交通（ST），第二层对模式进行细分，使乘客进一步进行具体选择，选择公共交通的出行者进一步在轨道交通（R）和常规公交（B）之间抉择，同时选择慢行交通的出行者进一步在非机动车（N）和步行（W）这两个方式中进行抉择。

（4）对基于双层NL模型的交通方式选择进行求解。

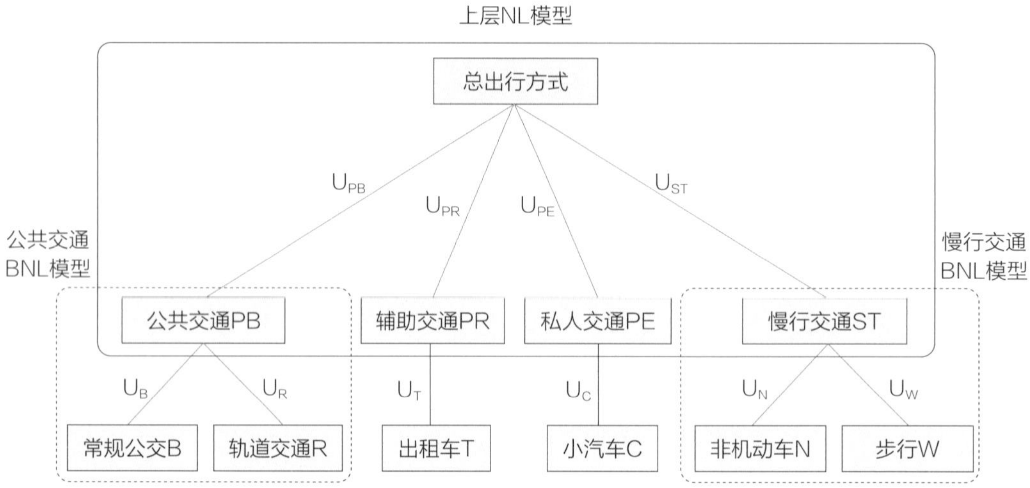

上层NL模型

总出行方式

U_{PB}　U_{PR}　U_{PE}　U_{ST}

公共交通
BNL模型

慢行交通
BNL模型

公共交通PB　辅助交通PR　私人交通PE　慢行交通ST

U_B　U_R　U_T　U_C　U_N　U_W

常规公交B　轨道交通R　出租车T　小汽车C　非机动车N　步行W

图4-7　双层NL模型分层结构图

本章参考文献

[1] 何汉，周天星，朱倩，等. 大型空港客运交通枢纽客流集散规律研究[J]. 铁道运输与经济，2019，41（4）：89-94.

[2] 张天伟. 铁路客运站旅客聚集规律研究[J]. 铁道学报，2009（1）：31-34.

[3] 李春梅. 城市客运枢纽客流集散问题研究[D]. 西安：长安大学，2011.

[4] 过秀成，马超，杨洁，等. 高速铁路综合客运枢纽交通衔接设施配置指标研究[J]. 现代城市研究，2010，25（7）：20-24.

[5] 崔曙光. 大型客运枢纽客流疏散关键问题研究[D]. 西安：长安大学，2008.

[6] 刘珍琳. 北京南站到达客流疏散方式结构及影响因素分析[D]. 北京：北京交通大学，2014.

[7] 张姣，吕红霞，刘晓伟，等. TOD模式下城市轨道交通诱增客流预测研究[J]. 交通运输工程与信息学报，2017，15（1）：76-82.

[8] 姚鸣，李枫. 高铁诱增运量形成机理与预测技术框架研究[J]. 铁道工程学报，2014（2）：1-6.

[9] 苗雨欣. 新建客运专线诱增客流问题研究[D]. 西安：长安大学，2015.

[10] 陶思宇，冯涛. 城际铁路网诱增客流预测方法研究[J]. 物流技术，2018，37（9）：58-61.

[11] 邹飞，刘江鸿. 城市轨道交通诱增客流理论研究[J]. 铁道运输与经济，2008，30（8）：58-61.

[12] 程晓青，倪少权，王柄连，等. 新建城市轨道交通近期诱增客流预测研究[J]. 铁道运输与经济，2009，31（11）：55-57.

[13] 周伟，王颖. 高速公路诱增交通量分析[J]. 长安大学学报（自然科学版），2002（1）：49-52.

[14] 魏士. 基于区域经济理论的高速铁路建设时机研究[D]. 北京：北京交通大学，2015.

[15] 沈瑞光. 城市综合交通枢纽客运需求预测方法与模型研究[D]. 哈尔滨：哈尔滨工业大学，2013.

[16] 陈大伟. 大城市对外客运枢纽规划与设计理论研究[D]. 南京：东南大学，2006.

[17] 郑瑞山. 高速铁路建设对城市的影响及高铁站地区规划[C]//生态文明视角下的城乡规划——2008中国城市规划年会论文集. 北京：中国城市规划学会，2008：9.

[18] GIVONI M, RIETVELD P. The access journey to the railway station and its role in passengers'satisfaction with rail travel[J]. Transport Policy, 2007, 14（5）：357-365.

[19]　HE Y, ZHAO Y, TSUI K L. Modeling and analyzing impact factors of metro station ridership: an approach based on a general estimating equation[J]. IEEE Intelligent Transportation Systems Magazine, 2020, 12（4）: 195-207.

[20]　贺艳. 城市轨道交通沿线土地利用对其客流的影响[D]. 北京: 北京交通大学, 2007.

[21]　解振全. TOD模式下客运专线诱增客运量预测研究[J]. 铁道运输与经济, 2015, 37（10）: 41-46.

[22]　任科社. 交通运输系统规划[M]. 北京: 人民交通出版社, 2005.

[23]　张淑玉. 基于贝叶斯理论的铁路短期客流预测方法研究[D]. 北京: 北京交通大学, 2018.

[24]　陶思宇, 冯涛. "站城融合"背景下新型铁路综合交通枢纽交通需求预测研究[J]. 铁道运输与经济, 2018（7）: 80-85.

[25]　张东辉. 汽车客运站的设计理念及发展趋势[J]. 建筑技术开发, 2018, 45（10）: 32-33.

[26]　靳聪毅, 沈中伟. 以站城融合为导向的当代铁路客站发展研究[J]. 建筑技艺, 2019（7）: 80-83.

[27]　杨少辉, 赵洪彬. 高铁车站综合交通枢纽需求分析方法研究——以洛阳龙门站为例[C]//2018年中国城市交通规划年会论文集. 铁路运输, 2018.

[28]　肖健, 李福映. 高铁枢纽地区发展研究——以广州南站地区为例[C]//2017中国城市规划年会论文集. 建筑科学与工程, 2017.

[29]　徐惠农, 赖旭. 基于区位与功能分析的高铁枢纽接驳交通策略探讨与实践[J]. 交通与运输, 2019（A01）: 119-123.

[30]　季松, 段进. 高铁枢纽地区的规划设计应对策略——以南京南站为例[J]. 规划师, 2016, 32（3）: 68-74.

[31]　潘涛, 程琳. 对高铁客站综合交通枢纽地区规划与建设的思考[J]. 华中建筑, 2010（11）: 132-133.

[32]　凌锋. 高铁客站综合交通枢纽地区规划与建设[J]. 建筑工程技术与设计, 2016（16）: 3903.

[33]　周浪雅. 高速铁路综合客运枢纽协同管理研究[J]. 铁道运输与经济, 2020, 487（5）: 29-33.

[34]　彭其渊, 姚迪, 陶思宇, 等. 基于站城融合的重庆沙坪坝铁路综合客运枢纽功能布局规划研究[J]. 综合运输, 2017, 39（11）: 96-102.

[35]　冯涛, 彭其渊, 陶思宇, 等. 站城融合模式下既有铁路车站城市功能开发体量预测研究[J]. 交通运输系统工程与信息, 2020, 20（5）: 21-28.

[36]　康浩, 王昊, 赖建辉, 等. 基于多源大数据的北京铁路枢纽客流特征研究[J]. 交通工程, 2019, 19（2）: 9-14.

[37]　张肖斐. 城市综合交通枢纽规划研究综述——以洛阳为例[J]. 建筑工程技术与设计, 2018（18）: 1.

[38]　马彦祥, 高嵩. 铁路短期客流时序规律分析[J]. 铁道运输与经济, 2010, 32（2）: 87-90.

[39]　王达, 陈尚和, 张智勇. 基于乘客需求的综合客运枢纽信息重要度模型[J]. 交通信息与安全, 2016, 34（2）: 75-80.

[40]　刘洁. 交通影响范围的界定方法探讨[J]. 科学与财富, 2011（7）: 293-294.

[41]　宋微. 交通影响范围界定理论与方法研究[D]. 大连: 大连交通大学, 2008.

[42]　谢征宇, 贾利民, 秦勇, 等. 基于空间关联度的高铁综合客运枢纽客流参数预测算法[J]. 北京理工大学学报（自然科学版）, 2012（S1）: 76-79.

[43]　葛永. 高铁枢纽片区客流出行规模研究——以阜宁南站为例[J]. 青海交通科技, 2019（6）: 19-21.

[44]　裴玉龙, 潘跃. 城市轨道交通站点接驳设施规模预测方法[J]. 交通信息与安全, 2018, 36（4）: 112-118.

[45]　路伟. 城市轨道交通与其他交通系统接驳方式的研究[J]. 城市建设理论研究（电子版）, 2012（20）.

[46]　闵雷, 黄焕. 综合交通枢纽区域的城市设计——记武汉铁路客运枢纽汉口火车站站区综合规划的设计实践[J]. 城市规划, 2009（8）: 76-79.

[47]　徐良杰，李兆康，王淑琴. 城市铁路客运站交通衔接评价方法与模型[J]. 武汉理工大学学报，2008，30（8）：105-108.

[48]　张梦可. 基于乘客感知的综合客运枢纽内外交通衔接问题诊断与优化[D]. 南京：东南大学，2018.

[49]　陈方红. 城市对外交通综合换乘枢纽布局规划与设计理论研究[D]. 成都：西南交通大学，2009.

[50]　汤薛艳. 高铁客运枢纽旅客离站换乘方式选择行为研究[D]. 西安：长安大学，2017.

[51]　马亮，马雪城. 轨道沿线居民出行方式选择行为研究——以深圳市为例[J]. 重庆交通大学学报（社会科学版），2017，17（6）：25-29.

[52]　穆蕊. 基于出行活动的非集计模型研究及应用[D]. 北京：北京交通大学，2010.

[53]　朱海. 铁路客运枢纽旅客换乘行为分析与衔接系统协调研究[D]. 成都：西南交通大学，2020.

[54]　魏华，马荣国，赵跃峰，等. 综合客运枢纽旅客换乘交通方式分担模型[J]. 长安大学学报（自然科学版），2014，34（2）：94-98.

[55]　方绪玲. 综合客运枢纽换乘设施布局研究[D]. 西安：长安大学，2016.

[56]　张博昊. 高速铁路枢纽站换乘效率评价研究[D]. 兰州：兰州交通大学，2018.

[57]　云亮. 铁路到达旅客离站交通系统配置优化研究[D]. 成都：西南交通大学，2015.

[58]　云亮，蒋阳升，谢寒. 铁路客运枢纽到达旅客离站交通方式选择模型研究[J]. 交通运输系统工程与信息，2013，13（3）：132-137.

5

第 5 章

高铁枢纽衔接城市交通
网络的布局与优化

5.1 高铁枢纽衔接城市交通的模式选择

5.2 高铁枢纽衔接城市交通网络布局

5.3 站城融合背景下高铁枢纽衔接城市交通网络的
    优化策略

高铁枢纽作为城市对外交通与城市交通系统联系的纽带，需要为出行者提供安全、有效、便捷的换乘衔接服务[1]。高铁枢纽衔接城市交通网络，是承担高铁枢纽各类客流集散转换功能的各种交通方式构成的交通网络，包括道路交通网络、公共交通网络以及慢行交通网络。

本章在总结分析高铁枢纽与城市交通的典型衔接模式及其适应性基础上，探讨与不同类型枢纽客流需求特征相适应的交通衔接方式、高铁枢纽衔接城市交通网络布局原则，以及高铁枢纽衔接城市公共交通网络和城市道路网络的布局形态及功能特点，基于站城融合发展理念，提出高铁枢纽衔接城市交通网络的优化策略。

5.1
高铁枢纽衔接城市交通的模式选择

5.1.1 高铁枢纽衔接城市交通模式及其影响因素

高铁枢纽与城市交通的衔接模式，是指与高铁枢纽相衔接的，为高铁枢纽到发旅客及其他用户提供交通集散服务的交通系统构成模式。不同类型的高铁枢纽由于规模、所处区位、功能定位等方面的差异，必然也会带来客流量、客流构成及时空分布等需求上的差异。以南京南站和湖州站为例，基于铁路客运数据、手机信令数据、各衔接交通方式的客流数据以及人工调查结果，从客流总量、客流构成、客流时间分布、客流空间分布等维度分析客流特征，得到南京南站的客流特征与到发旅客接驳方式特征如表5-1和图5-1（a）、（b）所示，湖州站的客流特征与旅客接驳方式特征如表5-2和图5-2所示。

南京南站客流及到发旅客接驳方式特征　　表5-1

客流特征	具体表现
总体客流量较大	2018年5月日均客流量为23.6万人次，约为南京站的2倍
主要服务于省外客流	省外客流占比约78.4%，其中浙沪皖客流占省外客流的70%；而南京站的省外客流占比仅为47.5%
衔接方式以轨道交通为主	枢纽到达旅客中轨道交通接驳占比为60%，出发旅客中轨道交通接驳占比为45%

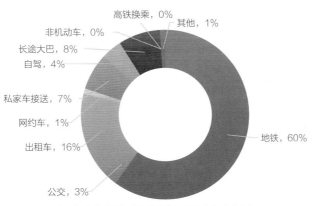

（a）南京南站到达旅客接驳方式构成比例

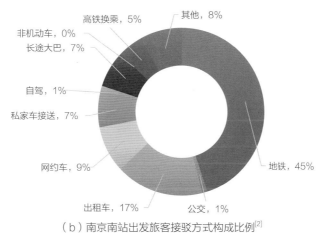

（b）南京南站出发旅客接驳方式构成比例[2]

图 5-1　南京南站到发旅客接驳方式构成比例

湖州站客流及旅客接驳方式特征　　　　　　　　　　　　　　　　　　　　　　　表5-2

客流特征	具体表现
总体客流量较小	2017年7月日均客流量约为1万人次
主要服务长三角地区客流	从湖州站出发3h以内可以到达长三角地区任一城市
衔接方式以公交和出租车为主	枢纽旅客中公交接驳占比为39%，出租车接驳占比为37%

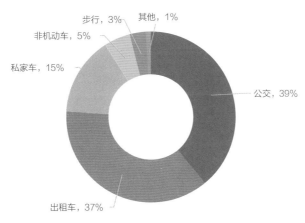

图 5-2　湖州站旅客接驳方式构成比例[2]

全国性、区域性的大型高铁枢纽由于旅客发送量大，必然需要配置大容量、高效的公共交通方式完成接驳衔接。地区性的小型高铁枢纽则需要根据其在城市中所处区位、客流总量及构成特征，配置适宜的公共交通接驳方式。

按照高铁枢纽不同服务范围的土地利用与交通需求特征，可将高铁枢纽交通衔接网络规划设计范围划分为站城核心区、功能拓展区、辐射影响区[3]。高铁枢纽不同服务范围的出行时空距离特征及适宜的交通衔接方式如表5-3所示，高铁枢纽不同交通衔接方式的基本特点及功能作用[4]如表5-4所示。

高铁枢纽不同服务范围的到发交通需求特征及适宜的交通衔接方式　　　　表5-3

服务范围	出行时空距离	适宜的交通衔接方式
站城核心区	服务半径小于800m，直接联系时间5～10min	慢行交通（步行、私人自行车、共享单车）
功能拓展区	服务半径为800～1500m，间接联系时间10～15min	多种交通方式（慢行交通、公共交通、个体机动化交通）
辐射影响区	服务半径为大于1500m，间接联系时间大于15min	多种交通方式（公共交通、个体机动化交通）

高铁枢纽不同交通衔接方式的基本特点及功能作用　　　　表5-4

交通衔接方式	基本特点	功能作用
轨道交通	接驳量大、运送速度快、安全舒适、用地集约，但衔接灵活性、覆盖性有限，且投资大、周期长	适合作为大型高铁枢纽的主导衔接方式，覆盖城市主要的中心、组团和客流走廊
地面公交	衔接灵活性、通达性好，成本低，人均资源消耗与环境污染小，但受小汽车交通影响较大	大型高铁枢纽的辅助性公共交通衔接方式，中小型枢纽的主导衔接方式，其主要作用是增加高铁枢纽的服务覆盖面
出租车/网约车	衔接便利性好、舒适性高，服务对象随机、区域广泛，但费用较高	主要服务于对舒适度、时间敏感的高端商务客流。同时对于短期内公共交通衔接体系还不完善的高铁枢纽，也可以发挥关键性的作用
私人小汽车	衔接方便快捷，但成本高、能耗污染大，人均道路和停车空间需求大	满足部分旅客采用私人小汽车方式的快速集散需求，需要结合客流需求特征和道路供给条件加以适当控制
慢行交通	成本低、节能环保、灵活，但速度慢、出行距离不能太长	适合高铁枢纽至枢纽周边地区，出行时耗在10～15min范围内的短距离出行

不同类型枢纽、不同片区枢纽以及枢纽不同服务范围的出行需求所存在的差异，要求每个高铁枢纽应因地制宜选择恰当的交通衔接模式，从而构建公共交通、慢行交通、小汽车等多种交通方式协调配合的差异化交通衔接网络，提升枢纽与城市交通衔接的效率和服务品质。

高铁枢纽衔接城市交通模式的主要影响因素[5]包括：

（1）城市规模、性质和空间布局。城市人口规模在很大程度上决定了高铁枢纽服务的客流规模，城市用地规模决定了高铁枢纽的主要服务范围，城市空间布局很大程度上决定了高铁枢纽集散客流的空间分布和强度。

（2）城市社会经济发展水平。城市社会经济发展水平影响着城市交通基础设施建设水平以及城市居民交通工具的拥有、使用水平。

（3）高铁枢纽在城市中的区位。高铁枢纽在城市中的设站位置受城市空间布局、地形、地貌以及高铁线路走向要求等多方面因素制约，高铁枢纽在城市中的区位特征，与城市活动中心的距离，必然影响着交通衔接方式。

（4）高铁枢纽的功能定位和客流规模。如前文所述，基于客流特征，高铁枢纽有长途低频客流主导和中短途高频客流主导两种类型划分，不同功能定位的高铁枢纽，其客流规模和构成特征也将存在显著差异，客流规模和构成是高铁枢纽衔接交通模式选择最直接的影响因素之一。

（5）高铁枢纽换乘设施配置条件。高铁枢纽的大中运量快速轨道交通接入数量、常规地面公交的线路覆盖范围、停车位规模、核心区道路交通条件等因素均对接驳交通方式结构具有重要的影响作用。[6]

5.1.2　三类典型交通衔接模式的特点及其适应性

高铁枢纽与城市交通的衔接模式主要分为三类：一是公共交通主导模式；二是公共交通与个体机动化交通并重模式；三是个体机动化交通主导模式[7]。

（1）公共交通主导模式。与高铁枢纽接驳的城市公共交通系统呈现多元化、多层次的特征，公共交通服务可达性高。在高铁枢纽衔接方式结构中，以轨道交通为主体的公共交通方式分担客流占比超过50%。

（2）公共交通与个体机动化交通并重模式。在高铁枢纽衔接交通方式结构中，公共交通与个体机动化交通分担的客流比重较为均衡，呈现合作与竞争的互动关系。

（3）个体机动化交通主导模式。高铁枢纽及周边区域小汽车停车设施及租车设施发达，而公共交通线路、站点等服务设施相对缺乏，在高铁枢纽衔接方式结构中，个体机动化交通方式占比超过50%。

表5-5统计了国内部分高铁枢纽不同接驳方式的客流占比，可以看出轨道交通、常规公交等城市公共交通是旅客选择的主要接驳方式，如广州南站、深圳北站、上海站、杭州东站、北京南站、石家庄站的轨道交通与常规公交接驳客流占比不低于60%。

而另外一部分高铁枢纽，如无锡东站、哈尔滨西站、苏州北站，由于配套公共交通系统尚不完善，衔接的轨道交通线路和常规公交线路较少，小汽车、出租车等个体机动化交通方式分担比例超过50%。这部分高铁枢纽或为区域型交通枢纽，主要面向区域出行人群需求，所承担的到发旅客量相对较少；或为距城市中心较远的边缘型交通枢纽，难以提供足够经济有效的公共交通服务。

国内部分高铁枢纽接驳客流占比（单位：%）　　　　　　表5-5

接驳方式	轨道交通	常规公交	小汽车	出租车	长途客运	其他	轨道交通+常规公交
杭州东站	45	25	8	15	5	2	70
上海站	45	20	10	20	0	5	65
北京南站	38.4	23.6	15.6	20.3	0	2.1	62

续表

广州南站	53.3	8.3	27.2	6.5	2.9	1.8	61.6
深圳北站	49	12	11	19	2	7	61
石家庄站	20	40	7	20	10	3	60
南京站	32	27	13	24	0	4	59
苏州北站	3.5	43.2	14.7	36.2	0	2.4	46.7
哈尔滨西站	8.2	20.3	34.6	34.9	0	2	28.5
无锡东站	25	3	34	20	10	8	28

表5-6为国外部分高铁枢纽不同接驳方式的客流占比，这些枢纽周边公共交通系统十分发达，往往有多条轨道交通或骨架公交线路接入高铁枢纽，这些枢纽所处城市通常注重公共交通发展，有着十分健全的公共交通网络，因此公共交通成为高铁枢纽接驳的主导衔接方式。

国外部分高铁枢纽接驳客流占比（单位：%）　　　　　　　　表5-6

接驳方式	京都站	新大阪站	新神户站
公共交通（轨道交通、公共汽车）	83	83	66
小汽车	2	4	8
出租汽车	8	6	13
慢行交通（步行、自行车）	7	7	13
合计	100	100	100

我国地域广阔，高铁沿线城市和区域在人口与用地规模、经济发展水平、地理特征等多方面呈现巨大差异，因此，在考虑高铁枢纽的交通衔接模式时，应从高铁枢纽所在城市和地区发展的现状和趋势出发，充分研究各种影响因素，因地制宜，合理选择[8]。

对于我国绝大部分大城市及以上规模的城市，高铁客流量大，同时具备建设高水平公共交通服务系统的条件，以轨道交通为主体的公共交通主导模式应成为必然的选择。对于不适应或不具备条件发展大中运量公共交通系统的中小城市，则应加强多模式、多层次的常规公交服务设施建设，以公共交通与个体机动化交通并重的模式作为高铁枢纽交通衔接系统的发展目标[9]。

5.1.3　不同类型高铁枢纽交通衔接模式选择

为了能够更为细致地分析我国不同类型高铁枢纽所适宜的衔接模式，首先需要对我国当前的高铁枢纽进行合理的分类。本节采用图5-3所示的指标体系，从第2章所述线上调研的100多个高铁站中选取数据资料较为完整的82个高铁站为研究对象（其中72个高铁站具体位置分布如图5-4所示，实现了对我国19个城市群的全覆盖），使用K-means聚类的方法进行类别划分。

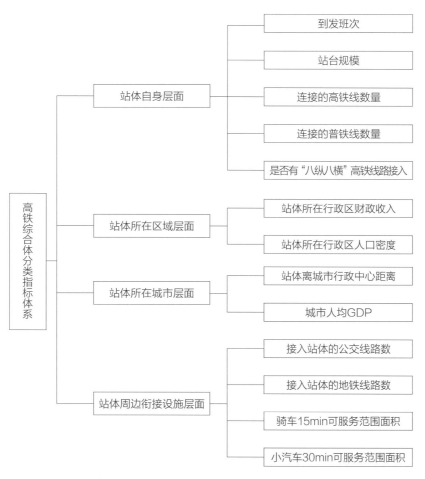

图 5-3　聚类分析指标体系构成示意图

城市群	车站	城市群	车站
天山北坡城市群	乌鲁木齐站	长江中游城市群	汉口站
	吐鲁番北站		武昌站
呼包鄂榆城市群	包头站		武汉站
	呼和浩特站		长沙南站
	呼和浩特东站		长沙站
宁夏沿黄城市群	银川站		南昌西站
	中卫南站		南昌站
兰西城市群	兰州站	长江三角洲城市群	杭州东站
	兰州西站		义乌站
	西宁站		宁波站
山西中部城市群	太原南站		南京南站
	太原站		苏州站
关中平原城市群	西安北站		南京站
	汉中站		上海虹桥站
成渝城市群	成都东站		上海站
	绵阳站		上海南站
	重庆北站		蚌埠南站
	重庆西站		合肥南站
	万州北站	山东半岛城市群	济南西站
黔中城市群	遵义站		济南站
	贵阳北站		淄博站
滇中城市群	昆明南站	京津冀城市群	北京南站
	昆明站		北京西站
北部湾城市群	南宁东站		北京站
	南宁站		天津站
	海口站		天津西站
	海口东站		石家庄站
珠江三角洲城市群	福田站		唐山站
	广州南站	辽中南城市群	沈阳站
	深圳北站		沈阳北站
海峡西岸城市群	厦门北站		辽阳站
	福州站	哈长城市群	哈尔滨西站
	泉州站		哈尔滨站
中原城市群	郑州东站		长春站
	郑州站		吉林站
	商丘站		

图 5-4　调研车站分布图

根据聚类结果，将高铁站划分为枢纽型、中心型和一般型三类，总结这三类高铁枢纽的特征如下[10]。

枢纽型：此类高铁枢纽大多位于铁路线关键节点处，通常位于经济发达的大城市，有较多高铁干线接入，到发的高铁班次多，服务腹地广，客流强度高，以服务中长距离出行为主。此类站点多建于城市外围，因此建成初期主要以交通功能为主，随着各地围绕高铁枢纽打造高铁新城而逐渐兼具场所功能，满足居住、商务等活动需求。如：南京南站。

中心型：此类高铁枢纽大多是由老的普铁车站改造而来，通常位于城市中心区域，周边土地开发强度高，功能混合，发展成熟，其所承担的主要功能已由原先的长途客运逐渐转变为短途城际交通功能及居住、娱乐等场所功能。如：汉口站。

一般型：此类高铁枢纽大多规模不大，接入的高铁线路及班次较少，通常位于中小城市，以满足本地客流需求为主，视其所处区位可能仅承担交通功能，也可能兼具交通功能及场所功能。如：绵阳站。

结合5.1.2中所述的三类典型交通衔接模式特点，提出上述三类高铁枢纽的交通衔接模式选择建议如下：

（1）枢纽型：此类高铁枢纽由于服务的铁路客流量大，所产生的衔接换乘需求很高，如果仅仅依靠小汽车等出行方式，不仅很难满足需求，而且还会导致高铁站周围交通拥挤，大大降低换乘效率，因而需要提供便捷的公共交通方式用以接驳。有条件的城市还应当建设大容量的轨道交通，从而可以迅速完成客流集散与转换。因此枢纽型高铁枢纽适宜采用公共交通主导的衔接模式。但由于枢纽型高铁枢纽往往建于城市外围，离城市中心区域较远，大容量快速公共交通可能由于政策、建设时序等因素影响未能及时配备到位，为了满足一些对时间较为敏感的商务人士的出行需求，仍然需要依靠小汽车完成接驳，可以先采用公共交通与个体机动化交通并重的衔接模式，并做好高铁枢纽周边的交通组织，同时加大接驳公共交通的配建。

（2）中心型：此类高铁枢纽由于处于城市中心区域，土地开发强度很高，出行需求很大，加之道路空间十分有限，需要限制小汽车的使用，通过配备完善的公共交通系统，加强慢行道路网建设，鼓励用户采用公共交通甚至慢行交通前往高铁枢纽，适宜构建公共交通主导的衔接模式。由于中心型高铁枢纽会更多地承担场所功能，因此在构建公共交通系统时需要注意分离城市日常客流与接驳高铁客流，提高交通运行效率，同时需要采用适应客流活动需求的布局思路，合理布设周边区域的公共交通系统，促进土地集约开发。

（3）一般型：此类高铁枢纽通常规模小，客流需求不大，所处城市一般不具备修建轨道交通的条件，但鉴于我国人口密度大、土地资源有限的基本国情，仍然需要提供便捷的公共交通满足衔接换乘的需求，适宜构建公共交通与个体机动化交通并重的衔接模式。对于个别高铁枢纽远离城市建成区，距离城市中心区距离过远，公共交通服务覆盖性不足，可先期采用个体机动化交通主导模式，同时不断加强公共交通系统建设，逐步向公共交通与个体机动化交通并重的模式过渡。也有个别高铁枢纽由于周边路网容量十分有限，也可限制小汽车从而采用公共交通主导的衔接模式。因此，一般型高铁枢纽在确定衔接模式时需要更加灵活，要因地制宜，根据站体所处城市、在城市中所处区位的实际情况确定适宜的衔接模式。

5.2
高铁枢纽衔接城市交通网络布局

5.2.1　枢纽衔接城市公共交通网络布局

高铁枢纽衔接城市公共交通网络布局一般遵循以下原则：

一是与城市各级各类活动中心相匹配，合理设置客运交通枢纽，构建分工合作、有机衔接的多模式公共交通服务网络，使高铁枢纽通过一次换乘可达，控制二次换乘到达的客流比例不超过5%。

二是与城市道路网络复合布置。在主要客流走廊内，大中运量快速公共交通系统线路应与城市快速路、交通性主干路复合布置，并给予公共交通专用路权，提高公共交通系统的适应性和服务水平，增强公共交通竞争力。

三是基于到发客流构成特征，以整体提高公共交通系统的可达性和服务效率为目标，合理布局小运量公共交通系统，如商务小型巴士、社区接驳巴士等，与大中运量公共交通协作提供枢纽接驳服务。

1）高铁枢纽衔接轨道交通网络的布局

根据高铁枢纽所在城市的空间结构形态以及高铁枢纽在城市中的区位，直接接入高铁枢纽的轨道交通网络主要有四种布局形态：一字式、扇骨式、轮辐式和环形放射式，如图5-5所示。

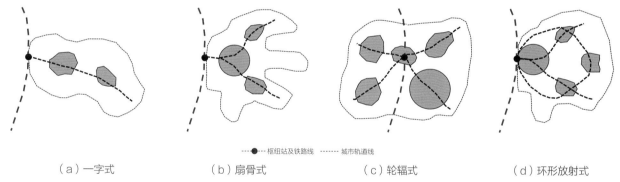

······●···枢纽站及铁路线　······城市轨道线

（a）一字式　　　（b）扇骨式　　　（c）轮辐式　　　（d）环形放射式

图 5-5　直接接入高铁车站的轨道交通网络形态

其中"一字式"一般出现在城市轨道交通尚未形成网络，公共交通和个体机动化交通并重的高铁枢纽交通衔接模式中，而其他三种形式的轨道交通网络结构常见于城市轨道交通网络逐渐成形，以轨道交通为主体的公共交通主导型交通衔接模式中。

通过一次轨道交通之间的换乘到达高铁枢纽的轨道交通网络形态主要有交叉换乘模式、延伸换乘模式以及环形放射换乘模式，如图5-6所示。其中，交叉换乘模式最常见，延伸换乘模式常见于轨道交通以市域或都市圈轨道向外延伸的情形，而环形放射换乘模式则常见于城市轨道有环行线的情形。

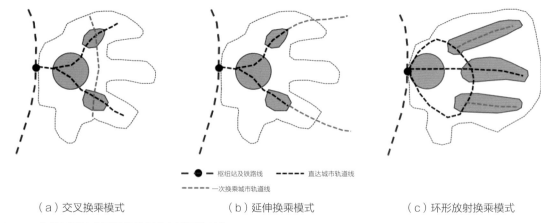

—— ● 枢纽站及铁路线	- - - - 直达城市轨道线
- - - - - 一次换乘城市轨道线		

（a）交叉换乘模式　　　　　　（b）延伸换乘模式　　　　　　（c）环形放射换乘模式

图5-6 一次换乘到达高铁枢纽的轨道交通网络形态

2）高铁枢纽衔接地面公交网络的布局

高铁枢纽衔接地面公交网络的布局一般从覆盖能力、直达可达性和换乘可达性三个方面的分析入手。

对于有轨道交通系统的城市，在轨道交通线网布局方案的基础上，首先分析明确高铁枢纽核心区和功能拓展区轨道交通可能存在的服务盲区，针对服务盲区，通过新辟公共交通线路、延伸既有公交线路以及调整既有公交线路的线路走向等方法，加强地面公交与高铁枢纽的联系，尽可能实现地面公交与高铁枢纽之间的直达[11]。根据空间距离和服务时效性要求，合理选择直达公交、大站快线、常规公交、支线公交等不同服务模式。

在城市各级重要节点，也要充分发挥地面公交的集散作用，通过提升地面公交服务水平，加大公交线网密度，以各级节点为核心形成次一级的公共交通服务网络，覆盖骨架公共交通线路不能覆盖的地区。

除了关注公交网络的覆盖能力和直达性能以外，还应高度关注城市各需求点通过换乘到达高铁枢纽的便捷程度。以苏州北站为例，苏州市区公交线网中可直达苏州北站的公交站点所占比例为5.53%，可通过直达和一次换乘到达的站点比例为44.98%，可通过直达、一次换乘和两次换乘到达的站点比例为81.44%，全市公交站点到达苏州北站的平均换乘次数为1.69次。

苏州公交网络站点到达苏州北站所需换乘次数分布情况如图5-7所示。从图5-7可以看出，苏州北站的公共交通直达和一次换乘可达比例较低，其公交网络的连通性较差。调查显示，由于苏州北站核心区只有两个公交站点且公交线路少，使得目前其与城市其他公交站点间的连通性较差。此外，如图5-8所示，苏州北站与2级交通枢纽苏州新区站之间虽然有直达公交车813路服务，但由于距离远、中途站多达26站，该直达公交的行驶时间在1h以上，超过了地铁换乘公交甚至公交换乘公交所需要的旅行总时间。813路平峰时期发车间隔为28min，高峰时期发车间隔为13min，发车频率较低，且乘客普遍反映该线路发车不准时，候车时间长，乘坐该公交出行十分不便。综上分析可知，由于公交网络不能充分满足经由苏州北站的高铁出行需求，导致苏州高铁北站到发旅客的公共交通接驳比例不占主导地位。

图 5-7 苏州公交网络站点到达苏州北站所需换乘次数示意图

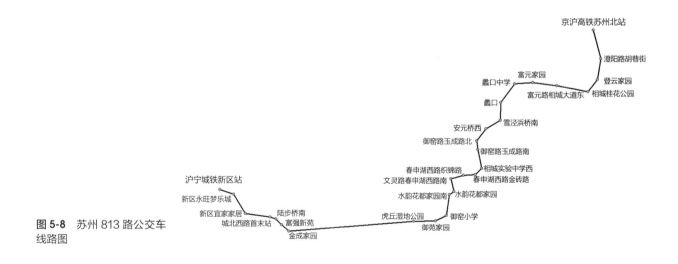

图 5-8 苏州 813 路公交车
线路图

5.2.2 枢纽衔接城市道路网络布局

1）枢纽核心区与功能拓展区的道路网布局

由于枢纽的区位、规模、建设条件及形成的客流规模、构成特征不同，高铁枢纽核心区与功能拓展区的道路系统的发展也不相同[12]。从布局上总体可分方格网式、环形放射式、自由式三种基本形式[13]，三种路网形态的优缺点对比如表5-7所示。

高铁枢纽核心区典型路网布局形式优缺点对比分析　　　　　表5-7

类型	方格网式	环形放射式	自由式
示意图			
优点	路网密度高，各等级道路主次功能明确，对枢纽核心区与功能拓展区内部开发有很强的支撑作用	枢纽核心区与功能拓展区可达性较好，干道集散功能较强	适应地形地貌和城市环境要求
缺点	枢纽核心区与功能拓展区快速集散能力相对较弱	路网密度相对较低，对枢纽核心区与功能拓展区开发的支撑力度较弱	枢纽核心区与功能拓展区的集散交通能力受到一定程度的制约

如前文所述，基于车站影响区范围内的不同用地功能占比，高铁车站有区域型、城市型、交通型三种类型的划分。区域型高铁枢纽主要面向区域出行人群需求，枢纽周边会开发大量的区域性功能平台和高档次设施，客流集散需求量大。城市型高铁枢纽一般位于城市中心地区，周边商务功能和住宅功能相对成熟，有大量城市性出行需求。对于区域型和城市型高铁枢纽，为了支撑枢纽核心区与功能拓展区的高密度开发需要，建议采用可达性高的方格网式道路网络布局模式，外围则可以采用环形或方格式等布局模式，以分流过境交通，满足快速集散需求；对于受地形条件等外部环境限制的高铁枢纽核心区与功能拓展区，则根据实际情况因地制宜布局道路网络。

2）枢纽辐射影响区的道路网布局

高铁枢纽辐射影响区道路一般包含城市快速路、交通性主干路、一般性主干路等，并且往往以复合型通道（由几条主干道以上等级道路组合而成）的形式连接高铁枢纽与中心城区[14]。根据具体的城市路网状况，道路通道组合方式主要有串联结构（如快速路—主干道—枢纽核心区）、并联结构（快速路、主干道平行接入枢纽核心区）和并串结构，其中以并串结构最为常见。枢纽辐射影响区道路网络布局一般遵循以下原则：

（1）构建复合型的道路集疏运通道。将多条平行的不同等级的道路进行复合布置，以满足辐射影响区内不同距离、不同规模的道路集疏运需求。

（2）合理确定城市对外通道与高铁枢纽集疏运通道的关系。应逐步建立独立的集疏运道路，分离对外交通功能，避免对外交通冲击高铁集疏运通道。

（3）与中心城区内道路分层次衔接。在城市中心城区边缘或者组团之间规划等级相对较高的环状或切向快速道路，形成通道—中心城区快速道路—中心城区内部干路的分层次衔接模式。

枢纽辐射影响区道路的布局形态与城市的形态以及高铁枢纽在城市中的位置密切相关。城市形态总体上可以分为单中心团状式、多中心组团式和条带式三种形态，而高铁枢纽在城市中的位置也有中心型、边缘型和外围型三种。从国内外众多城市的实践情况看，枢纽辐射影响区道路网络布局形态主要有三种，如表5-8所示。

枢纽辐射影响区道路网络的布局形态及适应性　　　　　　　　表5-8

序号	类别	形态特征及适应性	示意图
1	一字式	通过以高铁枢纽为端点的1~2条快速路或主干路连接城市中心，适用于高铁枢纽位于团状城市的外围或者带型城市的一端	
2	扇骨式	以高铁枢纽为端点，通过多条快速干线与城市各组团中心便捷联系，形成扇骨式路网形态，适用于多中心组团城市，并且高铁站位于城市建成区的边缘	
3	轮辐式	高铁枢纽位于城市中心区域，通过轮辐式放射状的干道网络快速联系周边各组团，适用于多中心组团城市的中心型高铁枢纽	

　　总的来看，根据枢纽辐射影响区用地开发、客流特征、交通组织对道路网络的要求，应构建分流过境车流与快速集散高铁枢纽到发车流、与城市的高快速道路系统衔接顺畅、能够良好支持枢纽辐射影响区合理开发的道路网络系统。

5.3
站城融合背景下高铁枢纽衔接城市交通网络的优化策略

　　当前我国高铁枢纽周边交通网络与客流出行方式结构不匹配，多模式交通网络衔接不协调，枢纽周边交通网络衔接不畅的问题普遍存在。为有效提升枢纽集疏运效率和精准服务品质，应充分考虑枢纽的功能特征、枢纽在城市中所处区位的特征以及枢纽不同服务圈层的出行需求特征，因地制宜选择交通衔接模式，构建与枢纽集疏运交通需求特征相适应的衔接网络。

5.3.1 以服务可达性提升为目标，全方位优化公交衔接网络

站城融合理念的根本属性是交通便捷可达。公共交通网络运能大、运输效率高且节能环保，在客流的集疏运过程中起到重要作用。在枢纽公共交通网络的规划设计方面，已有研究主要关注整体网络的形态布局，或者着重于枢纽的接运公交设计，本研究提出以可达性提升为目标的高铁枢纽衔接公共交通网络优化策略，从整体网络可达性的角度出发进行公共交通衔接网络优化，以减少高铁枢纽用户全程出行时耗，同时提出分离城市日常客流与接驳高铁客流、枢纽周边区域公共交通站点适当缩小站间距的线网布局优化策略。

1）公交服务可达性标准及衔接网络优化流程

既有研究表明，公共交通与小汽车出行时耗比是衡量一个城市公共交通系统服务水平的重要依据。该指标是指完成同一出行起讫点间位移时，使用公共交通与小汽车耗费时间的比值，体现了公共交通方式的出行效率，反映了与小汽车比较下，公共交通的可达性。如表5-9所示，当这个比值不大于1.5时，公共交通才相对有吸引力。因此，对于高铁枢纽的公共交通衔接网络的可达性评价标准是城市内部某点到达高铁枢纽的公共交通时耗$T_{transit}$与小汽车时耗T_{car}的之比R是否小于等于1.5。

可将城市划分为若干个交通小区，定量分析和评估小区内的客流源点到达高铁枢纽的公共交通服务可达性水平，当公共交通时耗与小汽车时耗之比大于1.5时，表明该小区的公共交通衔接服务需要改善。

公共交通可靠性服务水平（公共交通与小汽车出行时耗比）　　　　　　　　　　表5-9

公共交通与小汽车出行时耗比	乘客感受
≤1	公交出行比小汽车出行快
>1~1.25	车内出行时间相当 （对于40min的通勤出行，公交比小汽车多花10min）
>1.25~1.5	对于乘客来说公交出行时间还可以容忍 （对于40min的通勤出行，公交比小汽车多花20min）
>1.5~1.75	对于40min的单程出行，公交耗时1h以上
>1.75~2	公交出行时间为小汽车的近2倍
>2	对于所有乘客都不具有吸引力

以服务可达性提升为目标的公共交通衔接网络优化总体思路如图5-9所示。

（1）公共交通网络构建。对于既有高铁枢纽，可通过地图API爬取城市的公共交通站点（包括轨道交通站点及常规公交站点），构建枢纽衔接现状城市公共交通网络。

（2）各站点到达高铁枢纽的公共交通出行时耗测算。对于既有高铁枢纽，可通过地图API路径规划功能计算枢纽站到达所有站点的公共交通出行时耗。

（3）交通小区划分。对所研究枢纽所在的城市地区进行交通小区划分。

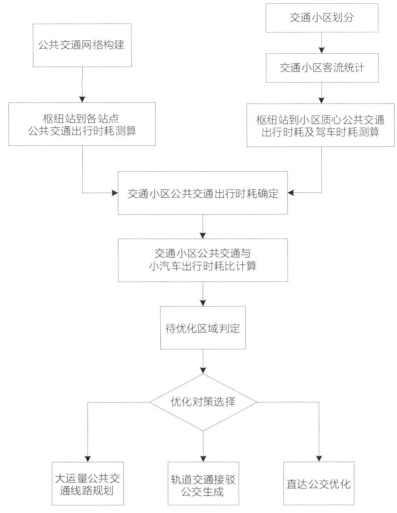

图 5-9　以可达性提升为目标的高铁枢纽公共交通衔接网络优化流程

（4）交通小区客流统计。统计每个交通小区内的客流总量及客流密度，计算客流量筛选阈值和客流密度筛选阈值。

（5）小区质心公共交通出行时耗及驾车时耗测算。对于既有高铁枢纽，可利用地图API路径规划功能计算所有小区质心到达枢纽站的公共交通出行时耗及驾车出行时耗。

（6）小区公共交通出行时耗确定。由于小区的质心可能远离公交站点，导致无法采用公共交通方式从枢纽站到达小区质心，因此计算小区内所有站点的公共交通平均出行时耗，与小区质心到达枢纽站的公共交通出行时耗对比，取较小值，作为小区到枢纽站的公共交通出行时耗。

（7）小区公共交通与驾车出行时耗比计算。计算小区到枢纽站的公共交通出行时耗与驾车出行时耗的比值，作为判定该区域是否需要改善的重要依据。

（8）待改善区域判定。将小区公共交通与驾车出行时耗比大于1.5，客流量及客流密度超过筛选阈值的小区，作为待改善区域。

（9）优化对策选择。如果待改善区域数量超过总数一半，说明有大规模的客流没有得到良好的公共交通服务，这时需要规划大运量的地铁或轻轨或快速公交，实现大的客流组团与枢纽的快捷通达。

这种情况相对较少，一般大城市的公共交通衔接网络均以轨道交通为主体，轨道交通的布设都相对合理。此时根据客流区域距离轨道交通站点的距离，采取另两种优化策略：一是提供轨道交通接驳公交，作为轨道线网的补充；二是优化直达枢纽站的公交线路，降低公交出行时耗。

2）分离城市日常客流与接驳高铁客流的公共交通线网布局优化

高铁枢纽通常集聚了多条多方向的公交线路，客流构成中存在一定量的城市日常客流。如日本等一些发达国家，城市日常客流占枢纽总换乘量的50%～60%甚至更高。在公共交通网络布局上，可通过线网调整实现城市日常客流与高铁换乘客流的分离，如图5-10所示，在枢纽周边区域增设换乘站点或分流线路，在线路之间实现两站或多站换乘等，以转移城市日常客流的换乘需求。

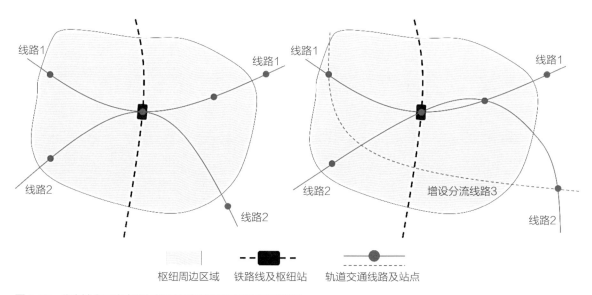

图5-10　分离城市日常客流与接驳高铁客流的线网布局示意图

3）推动站城一体的枢纽周边区域公共交通站点布局优化

现状大多数高铁枢纽周边区域的公共交通网络在布局时仍然是按照常规的轨道交通、公交站点间距进行布设（图5-11左图），从而造成了当前很多高铁枢纽邻近区域可达性较差，出行不便，"灯下黑"问题突出。站城融合背景下，为了能够满足出行者在枢纽周边区域的活动需求，在保证枢纽交通功能的前提下充分发挥枢纽的场所功能，推动实现站城一体，需要采用适应客流活动需求的布局思路，合理布设枢纽周边区域的公共交通系统。如图5-11右图所示，可通过适当缩小衔接高铁枢纽的轨道交通和地面公交车站（特别是邻近高铁枢纽的第一和第二个车站）的站间距，来提升公共交通服务可达性和可靠性，促进土地集约开发。

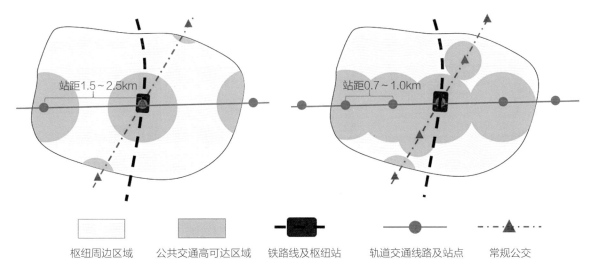

站距1.5～2.5km

站距0.7～1.0km

| 枢纽周边区域 | 公共交通高可达区域 | 铁路线及枢纽站 | 轨道交通线路及站点 | 常规公交 |

图 5-11　高铁枢纽地区公共交通站点缩小站距布局示意图

5.3.2　以通达性提升为目标，精细化改善核心区慢行网络

慢行交通绿色环保、出行成本低、占用资源少、灵活方便，是高铁枢纽内部换乘、衔接城市功能的重要交通方式，对高铁站集疏运效率、高铁站与城市空间的价值联动有重要影响。基于站城融合发展理念，应更加突出以人为本的规划思想，充分考虑高铁枢纽及周边地区的人群出行需求特征，通过提高步行环境质量、健全慢行网络体系等手段，构建注重通达性提升的慢行网络。

注重通达性的高铁核心区慢行网络构建策略包括：

（1）人车分离。适当布局行人立体过街通道，疏通、挖掘高铁站周边核心区慢行通道，使慢行空间与机动车行驶空间分离，保证慢行网络连续、安全、舒适。

（2）无缝衔接。合理布局非机动车停车点并确定规模，完善非机动车通道，加强远距离地铁非机动车换乘与立体过街设施的衔接，实现非机动车、地铁无缝换乘。

（3）品质提升。增强慢行空间与其他城市功能的整合设计，互相促进，实现节点交通和空间的一体化发展；加强慢行空间的特色化打造，提升出行品质。

（4）优化运营管理。通过合理的运营组织与管理，缩小安检控制区域的规模，打破高铁站房封闭边界，提高站房及周边地区景观品质，并设置充足慢行休憩空间，进一步增加慢行空间的趣味性、层次性和开放性。将原本受到安检封闭的空间发展为城市与车站之间的过渡性"客厅"。

（5）加强高铁核心区的慢行可达性。提高垂直交通和水平交通的无障碍设施配置比率；建立枢纽与周边街区的立体化、多层次的步行系统；打破站场边界与城市道路之间的全段封闭，创造具有社区公园性质的开放边界。

（6）优化非机动车停车点布局。形成非机动车禁行区，在外围合理布设非机动车通道及停车点。优先结合过街通道出入口布设；优先结合自行车出行者习惯性停放位置布设；充分利用树池、高架桥下方闲置空间布设，并通过相关指示标识等服务设施保证接驳的通畅性。

下面以东京站为例简要说明通达性良好的慢行网络布局特征（图5-12）。东京站周边城市格局整体呈现"小街区、密路网"的特征，车辆行驶速度较慢，人行横道、地下街及步行天桥系统完善，步

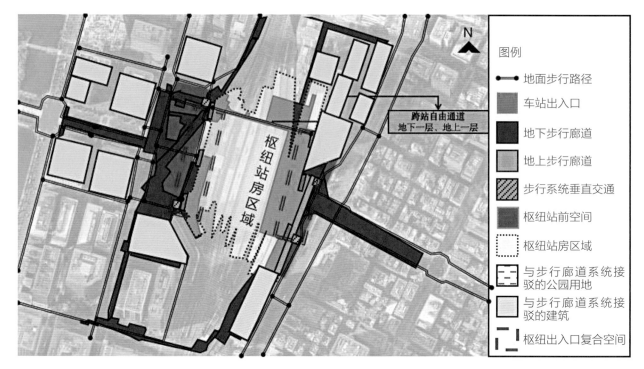

图例
- ━━ 地面步行路径
- ■ 车站出入口
- ■ 地下步行廊道
- ■ 地上步行廊道
- ▨ 步行系统垂直交通
- ■ 枢纽站前空间
- ┈ 枢纽站房区域
- ⊡ 与步行廊道系统接驳的公园用地
- □ 与步行廊道系统接驳的建筑
- ⌞⌝ 枢纽出入口复合空间

图 5-12 东京站立体化慢行网络系统

行环境友好。东京站东侧城市主干道间距为300～600m之间，次干道间距为100～200m，支路级间距为50～100m之间。主干道宽度约为40～100m，次干道宽度约为20～40m，支路宽度约为10m。东京站西侧以商务办公用地为主，单个地块面积较东侧大，支路级路网以慢行交通方式整合在地块内。

在步行系统的分层设计方面，东京站供乘客使用的步行系统主要位于地下一层和地面层。地下部分主要分为三个部分：八重洲侧地下商业街、站房内地下一层自由通道以及丸之内侧地下街。地面层包括东西两侧站前空间、市政人行道、与地上步行路径接驳的行幸大道。其跨站自由通道包括地上部分和地下部分，以小尺度的形式分布在站房北侧。因此，东京站立体化步行系统的地上和地下部分承担不同分工。东京站枢纽地上部分历经多次城市更新，塑造舒适、宽阔的城市景观轴线，而完善的地下街系统为地上轴线景观的塑造提供安全、丰富的步行支撑。东京站立体化步行系统对东京站枢纽东西两侧城市景观的塑造起到至关重要的作用。

5.3.3 以路网密度提升为目标，优化枢纽核心区道路网结构

在站城融合背景下，高铁枢纽整合了铁路站点功能与周围不断更新及变化的城市环境。为优化高铁枢纽站区道路衔接网络，促进高铁枢纽及周边地区协同发展，通过研究对比国内外高铁枢纽站区各层次道路网密度，对道路网结构提出优化改善建议。

1）典型高铁枢纽核心区道路网结构对比

新干线是日本的高速铁路系统，也是全世界第一个投入商业运营的高速铁路系统。德国城际特快

列车（Inter City Express）则是以德国为中心的高速铁路系统及高速铁路专用列车系列，简称ICE。日本新干线设站城市、德国ICE设站城市以及国内部分高铁设站城市的枢纽站区的路网结构如表5-10所示。

通过对比，可以发现，国内站区的道路网密度普遍较低，尤其是支路网密度方面，与日本和德国的枢纽站区支路网密度差异很大。日本新干线沿线站点城市区域内的支路网密度值在6.26～22.06km/km^{2}之间，拥有较高的密度。德国ICE沿线城市的枢纽站区支路网密度值在5.04～11.42km/km^{2}之间，同样拥有较高的密度。而国内高铁枢纽核心区的支路网密度在2.02～4.89km/km^{2}之间，相差较为悬殊。部分枢纽站区稀疏的路网，导致地块划分较大，功能单一，不利于形成多元化的功能组合和丰富的空间形态。

国内外高铁枢纽核心区道路网结构　　　　　　　表5-10

站点	主干路网密度 （km/km^2）	次干路网密度 （km/km^2）	支路网密度 （km/km^2）	总路网密度 （km/km^2）
日本新干线设站城市				
东京	2.36	4.49	12.16	19.00
晶川	0.89	1.61	9.90	12.40
新横滨	1.03	0.90	14.53	16.45
小田原	1.64	1.60	12.39	15.64
静冈	2.25	2.33	20.50	25.08
名古屋	2.30	2.39	22.06	26.74
岐阜羽	1.66	1.62	19.62	22.89
京都站	2.21	2.00	15.58	19.79
新大阪	1.56	2.44	18.20	22.20
新神户	1.26	2.01	18.77	22.04
东广岛	1.12	0.80	6.26	8.18
新山口	0.84	1.79	11.78	14.41
德国ICE设站城市				
柏林	0.86	1.74	5.04	7.65
柏林斯潘道	1.17	1.32	5.23	7.72
沃尔夫斯堡	0.60	0.78	8.13	9.51
汉诺威	1.41	2.36	11.42	15.18
哥廷根	1.01	1.19	7.12	9.31
卡塞尔	1.09	1.10	11.15	13.33
富尔达	1.18	1.77	9.19	12.15
维尔兹堡	0.57	1.54	9.21	11.33
科隆	1.79	0.91	9.91	12.61
蒙塔鲍尔	0.78	1.37	6.23	8.39
法兰克福	1.51	2.59	7.96	12.07
曼海姆	1.17	1.39	10.53	13.09
斯图加特	1.78	2.25	8.67	12.70

站点	主干路网密度 （km/km²）	次干路网密度 （km/km²）	支路网密度 （km/km²）	总路网密度 （km/km²）
国内部分高铁站				
南京南站	2.19	2.39	4.47	9.04
武汉站	1.97	0.83	2.13	4.93
济南西站	2.44	1.62	3.17	7.22
石家庄站	1.98	2.36	2.83	7.16
广州南站	1.95	3.07	2.02	7.05
杭州东站	1.83	1.85	2.29	5.97
蚌埠东站	2.26	1.37	3.35	6.99
安阳站	2.02	1.49	4.89	8.41
保定站	1.63	3.89	2.34	7.86
天津西站	2.29	1.83	4.57	8.70
洛阳龙门站	1.76	1.28	2.66	5.70
温州站	1.78	0.89	2.44	5.11

2）枢纽核心区道路网结构优化建议

根据上述分析，应该着力提升枢纽核心区的支路网密度，形成合理的道路网级配。具体建议如下：

（1）规划引领，强化"密路网"规划与控制

以城市更新为契机，推进核心区路网体系由"宽马路、疏路网"向"窄马路、密路网"转变，强化支路网络规划与布局的顶层设计要求，加强枢纽核心区支路网规划与建设。争取使枢纽核心区的路网密度达到5.0～16.0km/km²范围（越靠近城市中心区的枢纽，路网密度要求应越高）。

（2）强化落实，高度重视贯通性支路通道打通

近期充分结合现有道路优先实现贯通支路通道的打通，远期则结合片区用地开发情况，通过控制规划线位，在调整近期线路基础上，实现贯通型支路路网顺畅、快速可达。

（3）功能导向，合理确定道路断面与路权分配

由于支路网与枢纽的各功能区直接相连，在进行支路网断面设计时，需要重视其与街区、地块、建筑等其他形态要素的互动关系，将支路的生活性、商业性等活动属性纳入断面设计，形成与空间功能相匹配的断面形态和路权分配模式。

5.3.4 以集约化提升为目标，立体化布设衔接设施

交通融合是站城融合的根本属性之一，而高铁枢纽衔接设施布局是提升高铁枢纽交通衔接效率的关键点。当前高铁枢纽交通衔接设施呈现立体化分层的趋势，其中最主要的立体化分层表现在轨道交通的引入和机动性交通工具的立体化分层。轨道交通的引入将高铁枢纽原来以平面换乘为主的换乘模式转变成了以垂直立体换乘为主的换乘模式，同时也相应弱化了站前交通广场的换乘功能，站前交通广场空间的交通需求开始减少，高铁枢纽的立体化布局更加明显。

　　基于高铁枢纽交通衔接设施呈现立体化分层的发展趋势，宜采取基于换乘空间的交通衔接设施布局方法[15]。换乘空间是指高铁枢纽站区内为实现两种或两种以上交通方式转换的空间。

　　在进行高铁枢纽布局规划设计时，一方面要通过集约化的设施布局，减少枢纽客流的换乘距离和换乘时间，提高换乘效率；另一方面要保障行车空间与步行空间的合理分区，遵循行车空间的布置服从步行空间的组织要求。同时，考虑不同交通方式在交通衔接网络中的地位以及旅客获取换乘信息的便捷性，各类交通方式也要合理分区[16]。

　　根据高铁枢纽各换乘方式间的换乘量，进行高铁枢纽换乘设施的布局规划时宜按照以下优先顺序考虑各种换乘设施的布局位置：轨道交通出入口、公交车站、出租车上落客点、社会车辆停车区、长途车与旅游车停车区。其中需要重点考虑轨道交通出入口、公交车站、出租车和社会车辆停车区的规划布局。

　　高铁枢纽衔接交通设施的布局，应以高铁枢纽与城市交通衔接组织设计为依据，高铁枢纽与城市交通衔接组织设计的具体原则和方法参见第6章。

本章参考文献

[1]　苏莉晓. 大型综合客运枢纽交通衔接系统配置研究[D]. 重庆：重庆交通大学，2018.

[2]　韦震，钱晨绯，唐洪雷. 中小城市高铁站点绿色换乘模式研究——以湖州高铁站为例[J]. 宁波大学学报（理工版），2017，30（4）：58-62.

[3]　何小洲. 高速铁路客运枢纽集疏运规划方法研究[D]. 南京：东南大学，2014.

[4]　周军. 高铁客运枢纽与城市交通衔接方式优化研究[D]. 武汉：武汉理工大学，2013.

[5]　徐惠农，赖旭. 基于区位与功能分析的高铁枢纽接驳交通策略探讨与实践[J]. 交通与运输，2019，32（S1）：119-123.

[6]　周侃. 高铁客运枢纽换乘行为分析与设施配置方法研究[D]. 哈尔滨：哈尔滨工业大学，2013.

[7]　何小洲，过秀成，张小辉. 高铁枢纽集疏运模式及发展策略[J]. 城市交通，2014，12（1）：41-47.

[8]　陈光荣. 国内外综合交通枢纽规划设计研究启示[C]//中国城市规划学会城市交通规划学术委员会. 创新驱动与智慧发展——2018年中国城市交通规划年会论文集. 北京：中国城市规划设计研究院城市交通专业研究院，2018：2482-2497.

[9]　徐扬，康佳霖，吴文静，等. 综合客运枢纽布局模式及适用性分析[J]. 江苏大学学报（自然科学版），2020，41（2）：149-153.

[10]　王昊，胡晶，赵杰. 高铁时期铁路客运枢纽分类及典型形式[J]. 城市交通，2010，8（4）：7-15.

[11]　顾民. 城市公共交通在铁路客运枢纽内的布局和衔接研究[J]. 城市道桥与防洪，2012（9）：6-11.

[12]　王志龙. 综合枢纽道路集疏运模式研究——以广州南站为例[J]. 交通与运输（学术版），2018（1）：161-163.

[13]　王晶. 基于绿色换乘的高铁枢纽交通接驳规划理论研究[D]. 天津：天津大学，2011.

[14]　张翼军，何杰，李炳林，张平升. 基于圈层结构的高铁枢纽交通集疏运体系研究[J]. 山东交通科技，2019（5）：17-21，25.

[15]　何小洲，过秀成，杨涛，等. 基于换乘空间的高铁枢纽换乘设施布局方法[J]. 现代城市研究，2014，（4）：97-102.

[16]　过秀成，马超，杨洁，等. 高速铁路综合客运枢纽交通衔接设施配置指标研究[J]. 现代城市研究，2010，25（7）：20-24.

第6章

高铁枢纽与城市交通衔接组织设计

6.1　高铁枢纽交通组织与引导系统设计

6.2　高铁枢纽与公共交通一体化衔接设计

6.3　高铁枢纽交通流线设计

6.4　站城融合下高铁枢纽一体化组织设计

高铁枢纽交通组织是高铁枢纽与城市交通一体化衔接组织设计的关键组成部分，科学合理的交通组织不仅能够有效地提升高铁枢纽的客流换乘效率，同时也能提升高铁旅客的出行体验，并且能够有效地发挥高铁枢纽综合交通优势。针对高铁枢纽交通组织混乱，交通引导系统和流线设计不合理等核心问题，本章提出了高铁枢纽与城市交通衔接的组织设计方法，包括，高铁枢纽交通组织与引导系统设计、高铁枢纽与公共交通一体化衔接设计以及高铁枢纽交通流线设计，并基于站城融合发展理念，提出站城融合视角下高铁枢纽一体化衔接组织的设计思路和优化策略。

6.1
高铁枢纽交通组织与引导系统设计

6.1.1　高铁枢纽交通组织设计

1）高铁枢纽交通组织设计原则

高铁枢纽交通组织设计是保证综合运输过程连续性以及枢纽各交通方式与高铁之间高效换乘的关键。高铁枢纽交通组织设计应秉承：

（1）以人为本的交通组织设计

高铁枢纽作为连接不同交通方式的纽带，其主要目的是满足人们基本的出行需求，提供乘客便捷舒适的换乘体验。

（2）与城市总体发展规划相协调

既使高铁枢纽内部人车分流、依次有序行驶，又需要与城市总体发展规划相协调，实现城站建设一体化的发展目标。

（3）明确不同乘客的行为规律和活动路线

在对高铁枢纽进行交通组织设计时，旅客与车辆的交通流线应保持顺畅简洁，避免出现交通堵塞。同时需要全面了解人流的基本动向和活动路线。

（4）保障乘客接驳换乘的安全

高铁枢纽乘客换乘过程中要合理规划旅客与车辆的行动路径，尽可能减少人车冲突，给乘客提供一个安全、方便的换乘环境。

2）高铁枢纽交通组织设计方法

（1）分交通主体进行设计

高铁枢纽交通组织按交通主体的不同可以分为两类，包括旅客交通组织和车辆交通组织。其中，旅客交通组织包括三个方面，第一是进站组织，旅客由落客平台到达进站平台，再经过进站大厅进入候车大厅。第二是出站组织，旅客到达站台后，可根据需要选择换乘通道到达公交、地铁、出租车等换乘大厅和换乘站点，或通过出站平台离开枢纽。第三是中转组织，无需出站，旅客可通过中转通道，免检完成中转。

如天津西站高铁枢纽，设置了以南北方向出站通道为主、南北广场地下连接交通设施为辅的人行通道系统，此人行通道系统将采用不同交通方式的客流（主要以铁路客流为中心）与交通设施之间的客流联系在一起[1]，如图6-1所示。

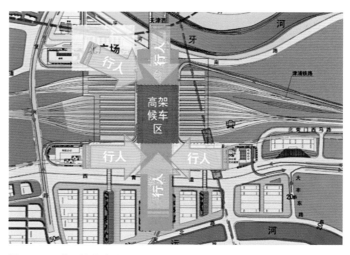

图 6-1 天津西站综合交通枢纽行人组织示意图

车辆交通组织包括常规公交组织、出租车辆组织以及社会车辆组织。对于常规公交组织，可引入专用车道连接广场公交上下客区，上下客区均设置多条并行的停靠点，停靠方式采用港湾式停靠站。出租车辆可从出租车辆专用入口进入出租待客区，实现临时停靠上下客，载客后从对侧驶出，与公交互不干扰。社会车辆则从社会车辆专用入口进入落客平台或枢纽停车场，避免与出租车辆的冲突。

天津西站高铁枢纽设有东西南北四个方向的进站通道，其中，城市东部方向的进站车辆由东纵转北横快速路至河北大街到达天津西站；城市西部方向的进站车辆由外环线、东南半环、西北半环快速路转至西青道到达天津西站；城市南部方向的进站车辆由大沽南路、解放南路转东南半环、西北半环快速路至西青道到达天津西站；城市北部方向的进站车辆由西纵快速路（京津路、红桥北大街）至河北大街立交到达天津西站[1]，如图6-2所示。

在对高铁枢纽进行交通组织设计时需要结合旅客交通组织设计以及车辆交通组织设计，实现高铁枢纽内部交通的人车分流。这样有利于提高高铁枢纽的换乘效率，并且能在一定程度上保障乘客的换乘安全。

（2）交通设施配置的设计

高铁枢纽交通设施的配置对于人流与车流合理有序的行驶具有一定的指导作用。首先是要完善诱导标识信息，建设针对性的实时诱导平台，包括在枢纽内部的道路网络上设置接客的引导标识，设置连续、清晰的指引标识牌，可供乘客快速选择乘坐的车辆，也可规范司机在指定的停车区域接客，使得人流与车流有序行驶。其次是要提供实时的诱导信息，为乘客和驾驶员提供有关枢纽内部交通状况的实时信息，包括交通秩序状况、停车位情况、交通流线情况等。最后，关于服务类的设备配置要全面，乘客等待、换乘、休闲等设施要配置齐全，给乘客提供一个良好的交通环境，提升乘客的出行体验。

图6-2 天津西站机动车组织示意图

6.1.2 高铁枢纽停车组织设计[2]

1）停车组织设计

高铁枢纽停车场联通到达层，在分层引导的基础上，可采用"出租车走外围，社会停车在中间"等停车组织方案分离两种车型。

出租车停车组织设计：根据高铁枢纽交通需求合理设置出租车上客点，避免"人等车""车等人"现象；在出租车的落客平台增画车位，并在车位上方增设相应的车位编号，以提高旅客的换乘效率。

社会车辆停车组织设计：社会车辆主要采取单向通道与双向通道相结合的停车组织形式，并在停放区域增设车位编号，施画车辆停车组织流线，设置人行专用道路，避免人车冲突。

2）停车场流线设计

高铁枢纽停车场流线设计既要满足流线和平面之间的关系要求，也要平衡人行流线和车行流线之间的关系。主要采取"车辆进出口车道在平面上错开，行人出入口在平面上错开"的设计方法。

3）停车场入口设置

高铁枢纽停车场联通地面交通，可设置高架专用停车通道或地面停车场专用通道，引导社会车辆和出租车进入高铁枢纽内部不同层级的停车场，从而化解流线冲突，提升车辆通行效率。

4）停车引导系统设置

根据高铁枢纽停车组织形式，一方面，设置停车电子标牌显示停车场的剩余车位数；另一方面，在停车场相关通道上方标明车辆的出口方向，以保持停车位的高利用率以及停车的高效率。

南京南站高铁枢纽社会车辆停车场与出租车停车场利用地下一层和桥梁架空区域的地面一层、二层进行设置。一方面，进出站流线采用单循环交通组织模式，另一方面，停车组织采用立体化停车组织模式，以实现社会车辆以及出租车的"快进快出"[3,4]。其中，出租车待车场采用车道式停车布局（图6-3），在各车道出口处设置出租车自动拦截装置，并配置出租车管理人员，基于高铁的到达状况对出租车进行放行，保证高铁枢纽出租车的换乘效率。

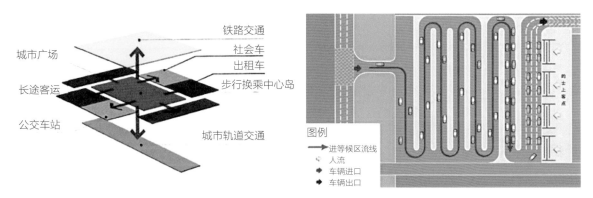

图 6-3　南京南高铁枢纽停车组织设计示意图

6.1.3　高铁枢纽落客平台一体化衔接组织设计 [5-12]

1）落客平台一体化衔接组织设计原则

枢纽站落客平台衔接组织设计面临广场功能多样、交通流量与日俱增、交通流线错综复杂等实际问题。高铁枢纽落客平台的一体化衔接设计应秉持如下原则。

（1）交通优先的原则

高铁枢纽落客平台承载着枢纽人流、车流集散以及交通换乘的功能，在进行设计的过程中应以交通优先为主要原则，以人车快速通过为主要目的。

（2）立体化发展的原则

平面式落客平台存在交通流线交叉冲突、旅客步行距离较长等缺点，很大程度上影响着高铁枢纽落客平台的换乘效率，而立体式落客平台能够有效地避免流线冲突、缩短旅客换乘距离、明确枢纽功能分区等，并且能够较好地适应高铁枢纽多交通方式融合衔接组织模式。

（3）引导信息完整的原则

高铁枢纽落客平台是乘客换乘的重要场所，引导信息是否完整在很大程度上影响着落客平台换乘的效率以及交通拥堵等负面现象的发生概率。引导标志标识应放在明显的位置以供乘客参考。

2）落客平台一体化衔接组织设计方法

为缓解高铁枢纽落客平台交通拥堵，使乘客、机动车快速通过，枢纽落客平台一体化衔接组织设计应从以下几个方面展开。

（1）枢纽落客平台、上客平台与枢纽内部的交通组织应进行立体分层设计，将落客平台和上客平台设置在不同标高的层面上，其中，落客平台与进站大厅相互连接，上客平台与出站大厅相互连接。

（2）建设高架快速集散系统，并在高架进站口处设置落客平台，在地面或地下出站口处设置上客平台。这种设计可以和"高进低出"的客流组织方式结合，采用"高架落客+地下/地面载客"的衔接组织模式，实现高铁枢纽与出租及社会车辆的"零换乘"，保证流线组织顺畅的同时节约城市土地资源，实现枢纽功能最大化。

（3）枢纽落客平台设置相应的引导标志，以引导机动车、乘客快速通过。动态信息标志与静态信息标志相结合，给机动车与乘客提供及时的交通信息，保证流线组织的顺畅。

如图6-4所示，天津西站高铁枢纽设有快速路西纵联络线（东侧）和复兴路高架（西侧），其中，快速路西纵联络线通过专用进站匝道和出站匝道与东侧高架道路相连，并设置专用停车匝道，方便车辆进入北广场地下停车场，提高了车辆的进出站效率。城市中不同等级的道路与天津西站枢纽的各个功能区相互连接，构成了立体交通衔接与换乘系统，充分体现了因地制宜、以人为本、零换乘的原则，实现了枢纽各种交通方式快捷方便，各行其道，绕行最短，节能环保[13]。

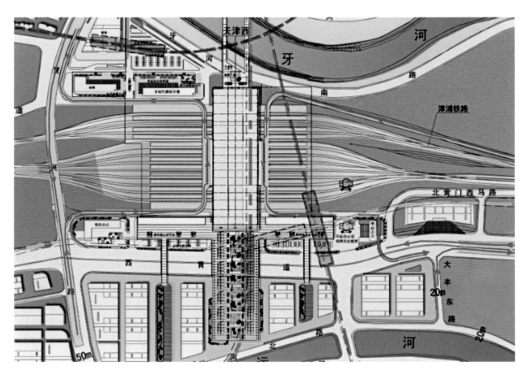

图6-4 天津西站交通组织示意图

6.1.4 高铁枢纽应急疏散交通组织设计 [14-17]

1）应急疏散设计原则

高铁枢纽融合了城际轨道、市内轨道、公交与出租等多种运输方式，其接驳衔接需要有效的组织和规划，但是在这一过程中避免不了突发事件的影响，包括乘客数量增多，超过枢纽的运输能力；在枢纽内部的设施设备受到其他因素的影响，无法正常使用；枢纽内部存在危险品或潜在危险因素；发生突发交通事件等。在突发事件的影响下会导致枢纽内部出现交通堵塞等负面现象，为使枢纽内部正常运行，要对高铁枢纽进行合理的应急疏散交通组织设计。应急疏散设计的原则如下：

（1）安全原则

应急疏散组织设计应以保障人员生命财产安全为主要目的，保证高铁枢纽人员安全是疏散组织方案设计最基本的出发点。

（2）降低对高铁枢纽交通的影响

突发事件影响着高铁枢纽的交通需求，会造成高铁枢纽内部交通需求时空分布不均匀。因此，在进行疏散方案的设计时需要考虑到高铁枢纽的交通承载能力以及疏散效率。

（3）疏散时间最短

在应急疏散时要最大限度地降低人员伤亡、经济损失以及交通负面影响，需要设置合理的应急疏散线路，在最短时间内疏散人流与车流。

2）应急疏散组织设计

高铁枢纽应急疏散交通组织设计主要包括行走设施设计、乘客集散设施设计和疏散路线设计三个方面，并以缩短应急疏散时间、减少二次伤害的产生、降低乘客的生命财产损失为设计目标。

（1）行走设施设计

行走设施是指乘客行走通过的设施，主要包括通道、楼梯以及自动扶梯等。行走设施主要是帮助引导乘客顺利出站，到达换乘的地点。

高铁枢纽应设置专门的疏散通道，人流与车流的疏散通道应分开设置，确保在疏散过程中人车分流。同时在通道中贴好标示，指引人、车顺利离开。应急疏散时经过的楼梯和自动扶梯，需在楼梯口与电梯口贴好标识，指明方向。在混行的楼梯和双向通道中间设置相应的隔离设施，通过围栏等隔离设施将不同方向的客流隔离开，以减少客流的冲突和流线的交织。

（2）乘客集散设施设计

乘客的集散设施主要包括站台，站台是乘客等车换乘的区域，在此区域人流聚散较快，同时可以容纳较多的乘客。因此在应急疏散时，站台上应设有指示引导作用的标识，此类标识包含各个出口的方向、公交换乘以及枢纽内部地图等信息。

站台的设置形式包括岛式站台和侧式站台，前者疏散时空间使用相对比较灵活，但是站台易出现不同区域乘客流线混乱的现象，在一定程度上影响疏散的效率。侧式站台能够降低站台的拥堵程度，但是疏散的时间相对较长、压力较大。所以高铁枢纽内部站台建议选择岛式站台的布置形式，但需要加强对站台不同区域乘客的引导，设置相应的引导标识或智能服务设备来引导乘客。

公交站台、出租车停靠站台建议选择港湾式的站台布置形式。港湾式站台能够在不阻碍主线道路交通正常运行的情况下，快速完成乘客的换乘工作。出租车和公交车的站台位置应分开设置，避免引起换乘混乱、拥堵等现象。

（3）疏散组织设计

高铁枢纽疏散组织设计原则包括：保证路线的安全性；保证使用便捷、易于辨认；做好疏散标志的设置；在进行疏散路径设计时，为了更快地将人员疏散，在枢纽内部的任何区域应设置多个疏散路线。

在进行客流疏散时，首先，需要从客流源头进行交通管控，并加强对乘客进行疏散引导，如通过广播等形式告知乘客疏散线路与方法等，同时在疏散瓶颈位置配置疏散引导人员，让乘客对疏散的方向和路线有初步的了解，以便于乘客快速疏散。其次，需要加强疏散标志的引导能力，可以采用先进的智能诱导技术，并联合消防系统设计疏散指示标志和应急照明装置，智能地提示乘客安全、快速的疏散线路。在疏散路径上应标示出高铁枢纽内部的立体结构图，为乘客提供最佳的疏散路径。

高铁枢纽内部乘客应急疏散，可以从高架层、站台层、地面层三个方面进行人员疏散的路径规划。由于高铁枢纽高架层与地面层设有安全出口，在疏散过程中，乘客只需要从所在位置行至安全出口处。因此高架层和地面层的应急疏散应该按照最短和最近原则设置乘客的疏散路径，以达到快速疏散的目的，保障乘客的安全。基于人员所在的位置、疏散出口个数以及通行能力，合理划分疏散分区，分配相应的疏散人员，以提升高铁枢纽的疏散效率。同时，疏散路径的规划设计需要减少疏散流线的交叉，降低不同流线之间的冲撞率。由于站台层的乘客离安全出口相对较远，因此站台层的人员疏散需要考虑疏散路线的复杂性，结合站台所在的位置，确定合理的疏散路径，形成相应的疏散方案，并对乘客进行应急疏散组织，确保乘客安全快速地到达安全出口。

6.2
高铁枢纽与公共交通一体化衔接设计

6.2.1　高铁枢纽与公共交通功能交互耦合分析

高铁枢纽是城市多模式交通网络的物理交汇点，即市内交通与城市对外交通的衔接点。从客运组织的角度而言，高铁枢纽承担着复杂交通环境下的旅客到发及中转作业等，其流量疏散以城市公共交通为重要支撑；同时，公共交通作为枢纽客流集散的主要交通方式，为乘客提供便捷、舒适的换乘服务，其高效运营有赖于合理的枢纽衔接组织设计与科学的运营管理。

在时间维度上：一方面，由于高铁与公共交通的运营管理模式存在差异，导致两者运营时间衔接不当，旅客换乘则需要选择其他非公共交通出行方式，从而导致旅客出行成本的提高；另一方面，城市公共交通与高铁运营时间的覆盖度对公共交通的上座率、时刻安排合理性也有着重要的影响。

在空间维度上：高铁枢纽与公共交通一体化衔接设计的重点为各方式交通流线的设计和枢纽设施设备的布局。交通流线包括枢纽各公共交通方式进站、出站以及换乘流线等；设施设备包括公共交通配套设施设备以及换乘辅助设施设备等。合理完善的交通流线设计和设施设备布局能够有效地提高高铁枢纽公共交通系统运行效率以及各交通方式间的换乘效率。

6.2.2 高铁枢纽与多模式公共交通一体化衔接设计方法

1）枢纽与轨道交通一体化衔接设计方法 [5, 7, 8, 9, 18, 19]

（1）枢纽与轨道交通站场一体化布局设计

高铁枢纽与城市轨道交通衔接的空间布局，应以提升旅客换乘效率和舒适度为目标，结合大型高铁枢纽靠近城市中心区域且用地紧张的特点，进行重合式、半重合式或并列式一体化衔接设计。重合式布局（图6-5左）将地铁站布设于枢纽场站下方，站房多采用上/下进下出的模式，与同站台换乘方式结合，广泛应用于国内外大型枢纽，使旅客无需出站即可完成站内换乘。半重合式布局（图6-5右上）将地铁站偏于枢纽站房一侧布置，通过集中多条轨道交通实现集中换乘和站内换乘，但有赖于一体化设计施工模式。并列式布局（图6-5右下）将枢纽与地铁站在建筑内部直接连通，占地较大，且在一定程度上影响换乘效率和舒适性。

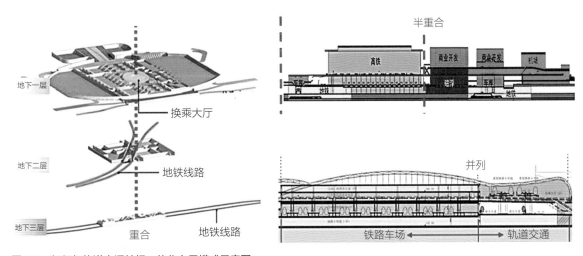

图 6-5 枢纽与轨道交通站场一体化布局模式示意图

如上海虹桥高铁枢纽包括水平方向的五大功能模块和垂直方向的五大功能层[20, 21]。水平方向五大功能模块分别为虹桥机场西航站楼、东交通中心、磁浮站、高铁站和西交通中心，东西交通中心服务的交通方式各有不同，其中，东交通中心服务的交通方式为机场和磁浮，西交通中心服务的交通方式为高铁。垂直方向五大功能层包括多模式换乘功能层及商业功能层。功能层间通过换乘通道实现多模式公共交通"零换乘"。上海虹桥地铁站位于高铁枢纽西侧地下层，是上海轨道交通2、5、10、17号线和青浦线的换乘站，以半重合模式与高铁枢纽衔接（图6-6）。

（2）枢纽与轨道交通一体化换乘方式设计

高铁枢纽与城市轨道交通一体化衔接换乘方式主要包括站前广场换乘、通道换乘、阶梯换乘、站厅换乘以及同站台换乘等。早期轨道交通与高铁枢纽的换乘主要通过站外广场换乘和通道换乘实现，导致换乘距离长，因此不提倡在设计中不加改进、单独使用。阶梯换乘模式属于站内换乘的一种，通过设置阶梯或垂直换乘设施引导立体换乘。换乘大厅模式将铁路与轨道交通站连通，设置两线或多线

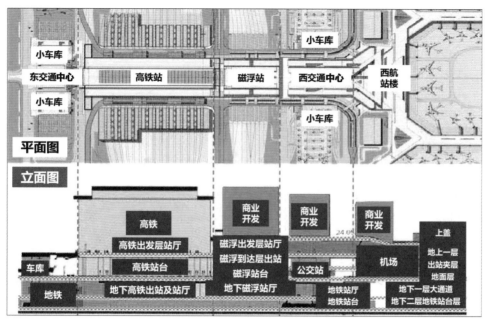

图 6-6　上海虹桥高铁枢纽立面与平面布局

共用的站厅。同站台换乘能够实现零换乘，适合换乘量大的高铁枢纽，但对铁路和城市轨道交通的管理体制、票制之间的相互协调有特殊要求。在实际的应用中，通常将多种空间衔接方式组合起来。

　　如上海虹桥高铁枢纽换乘城市轨道交通采用"3+2"的布置形式（图6-7左），换乘核心和客流集散核心为地下一层换乘通道（图6-7右）。轨道交通换乘旅客从地下二层上至地下一层的站厅层，再通过东西两侧自动扶梯到达地上二层的候车大厅[22]。

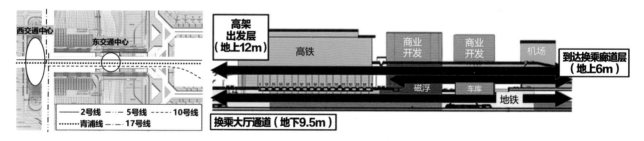

图 6-7　上海虹桥高铁枢纽轨道交通规划与换乘示意图

（3）枢纽与轨道交通换乘辅助设施设计

　　换乘辅助设施包括换乘通道类设施、轨道交通站台以及客流引导设施等，合理设置换乘辅助设施有助于实现枢纽与轨道交通一体化衔接设计效果的最大化。换乘通道类设施的设置应结合相应的换乘模式，通过合理地设置换乘通道、扶梯等设施，保证换乘流线的流畅。轨道交通站台包括岛式站台和侧式站台（图6-8），一体化衔接设计倾向于能够高效利用空间调剂客流的岛式站台。客流引导设施设计趋于信息化、智能化，借助电子信息板、手机app等实时收集、处理、发布换乘信息，优化旅客的分流过程。

　　如上海虹桥高铁枢纽设有直达电梯、扶梯等换乘通道类设施，以及电子信息板和指路标识等基础

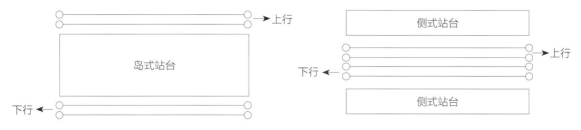

图 6-8　轨道交通站台示意图

的客流引导设施，并且结合地下一层换乘通道设置两个付费区和多个非付费区的进出站口，减少枢纽核心区旅客的集聚，从而实现高铁枢纽与轨道交通双向高效有序的换乘。

2）枢纽与常规公交系统一体化衔接设计方法 [5-9, 18]

（1）高铁枢纽与公交场站一体化布局设计

为了减少和防止旅客换乘过程中出现横穿马路等现象，公交场站应主要集中设置在枢纽出口的附近。在大型高铁枢纽中，需配备专用的公交停车场以满足客流量的需求。专用公交停车场包括枢纽站场下方、枢纽站前广场以及远离站房三种布局模式。枢纽站场下方布局模式适用于高架高铁枢纽，如郑州站，南京南站等。枢纽站前广场布局模式适用于特大、大型高铁枢纽，如北京南站、杭州东站以及天津西站等。远离站房布局模式适用于枢纽用地紧张或停车场需求较大的情况。

上海虹桥高铁枢纽与公交系统采用"高架车道落客+地下站场载客"衔接布局模式（图6-9）。进站公交在站前高架直接落客，再转入公交调度站停车待发，进出枢纽均通过快速集散道路系统。高铁枢纽与常规公交的立体衔接设计有效分离公交系统与枢纽其他换乘系统，使各功能区互相协调，避免客流冲突，提高综合换乘效率。

（2）枢纽与公交站点一体化衔接设计

建议采取"上/下进下出"的客流组织模式，将公交的上客站与落客站分开设置：上下客站主要集中布置在各进站口以及出站口的附近。为了减少流线的交叉，公交首末站需要设置在广场边缘或地下

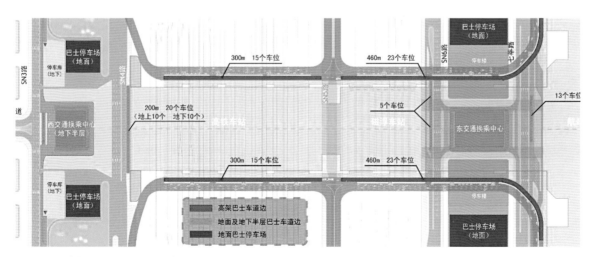

图 6-9　上海虹桥高铁枢纽公交高架车道落客 + 地下站场载客

一层。同时，为较好地引导乘客完成换乘，可在公交停靠站与枢纽间设置过街天桥或地下通道，并设置港湾式公交停靠站，降低公交车辆停靠对城市交通的影响。

如上海虹桥高铁枢纽的公交专用落客点位于站前高架内侧，方便公交换乘高铁的旅客快速进站；专用载客点位于地下层旅客出口处，方便高铁换乘公交的旅客快速上车。集中在东交通中心、虹桥机场2号航站楼以及枢纽西交通中心设置公交站点，旅客可通过联络通道或轨道交通2号线前往公交枢纽站搭乘公交车[20, 21]。

（3）枢纽与常规公交一体化换乘方式设计[9]

以换乘设施为划分依据，将枢纽与常规公交的一体化换乘方式分为高架车道换乘、通道换乘、广场换乘以及换乘大厅换乘。高架车道换乘以立体分流为设计理念，借助高架快速集散系统服务进站客流，在站房主入口处设置公交落客站。通道换乘将公交场站与高铁站房通过换乘通道连接起来。广场换乘需分离落客区与上客区，避免进出站旅客流线的交叉，实现高效换乘。换乘大厅换乘通过换乘大厅衔接高铁与公交站房，可实现高铁与公交之间的零换乘。如上海虹桥枢纽采取通道换乘与大厅换乘等多模式立体换乘，在保证换乘效率的基础上结合换乘层面的步行系统，并在两条人行换乘通道之间设置大型步行商业区，为旅客提供商业、娱乐及休闲等服务[20,21]。

3）枢纽与公共自行车系统一体化衔接设计 [9]

在高铁枢纽与公共自行车系统的一体化衔接设计中，应尽量减少公共自行车停车场对枢纽空间的占用和公共自行车流线对其他交通方式的干扰。在实际建设中，高铁枢纽停车场的形态和布局灵活性多样，应结合具体情况并依据以下原则进行设计：

（1）自行车停车换乘设施应分散设置，避免集中；

（2）自行车停车换乘设施应靠近公共交通场站的出入口；

（3）自行车停车换乘设施的布置位置不能对机动车以及电动车等造成干扰；

（4）因地制宜，充分结合站点的位置、建筑特征、周围环境状况、周围的空间状况等，同时鼓励地下、半地下和立体停车方式；

（5）枢纽与自行车换乘点间应设置良好的引导、标识系统。

6.3
高铁枢纽交通流线设计

6.3.1　交通流线与枢纽功能空间耦合分析 [23]

1）交通流线设计与枢纽空间设计、设备设施配置的密切联系

高铁枢纽交通流线是虚拟的交通流运行空间序列，与枢纽设备设施、建筑空间等物化实体密切联系。一方面，交通流线需要借助物化实体进行构造表现；另一方面，物化实体的设计需求由枢纽交通主体的交通需求和运行特征所决定。因此，在进行高铁枢纽流线设计时需要同时结合设备设施配置以及枢纽空间设计，并以相同的逻辑基础进行一体化设计。

交通主体在高铁枢纽的作业过程和服务内容是枢纽设施配备的依据，高铁枢纽设施的业务空间由设施自身所占空间及其作业服务空间组成，设施作业与服务间的内在联系是高铁枢纽设施空间布局设计的依据。枢纽交通设施包括交通集散设施和交通联络设施。其中，交通集散设施对应枢纽的交通集散空间，包括站前广场、换乘大厅、站台、通道的汇合分歧点等；交通联络设施对应枢纽的交通联络空间，包括自动步行道、水平通道、楼梯、电扶梯等，以支持交通流在业务设施及集散设施间的流动。

2）流线空间序列的构造方式

高铁枢纽交通流与不同类型的设备设施相互作用形成各种作业或通行的交通流线子空间，各交通流线子空间有序衔接组成高铁枢纽交通流线空间序列。由于不同类型设施设备的交通特征存在差异，其局部流线空间构造手法也大相径庭。通过类设施设备本身或其建筑物结构承载单向或双向交通流的通行空间，包括通道、楼扶梯、进出口等；容纳类设施设备承载多支交通流的通行空间，通过设备及标志引导系统来规范、引导交通流，包括站台、候车大厅等；服务类设施设备通过设备设施本身的配置或建筑框架构筑物来构造交通流的通过空间，包括安检设施、售票设施、检票设施等。

3）流线量化设计与设备设施规模设计的关联

高铁枢纽流线设计是通过静态的流线空间序列规划来保障动态交通流的通行需求。为了消除不同时段、环境下交通流量动态变化带来的负面影响，需要对交通流线进行量化设计。一方面，需要根据高铁枢纽的运力运量合理地确定各交通流线的承载量；另一方面，需要考虑高铁枢纽全生命周期（近期、远期、高峰时段、高峰期等）的运营需求，根据不同时期的运营状况对流线进行合理设计，同时避免低流线承载量下设施设备的损耗及建设投资的浪费。

6.3.2 高铁枢纽交通流线设计方法 [23-27]

1）交通流线设计原则

高铁枢纽交通流线应满足相应的设计标准，保证旅客、车辆及行包等在枢纽内流动的安全和效率。高铁枢纽的交通流线设计应遵循以下原则：

（1）尽量避免流线间相互干扰

由于高铁枢纽内的流线具有多样性和多向性，当流线相互交叉形成冲突点时，会影响旅客走行速度，甚至导致枢纽秩序混乱。因此，在对高铁枢纽流线进行设计时要首先避免流线间的相互交叉。其次，高铁枢纽交通流线的设计应坚持以人为本的理念，坚持以旅客流线为主导，保障旅客流线的畅通。最后，需要考虑将枢纽旅客进站与出站流线、旅客与其他人行流线、长途与城际旅客进出站流线、发送行包与到达行包流线、公共交通与社会车辆流线分开。此外，高铁枢纽流线设计还需要充分考虑应急疏散流线，设置并标识清晰的疏散通道。

（2）旅客流线的便捷与连续

在高铁枢纽旅客流线设计中要缩短旅客在枢纽内的走行距离，减少不必要的通行路段，避免旅客流线出现迂回现象，保障旅客出行效率，降低旅客走行的疲劳程度，提高高铁枢纽内部运作效率。另外，由于旅客流线是枢纽各空间衔接的集合，因此，需要构建连续便捷的高铁枢纽旅客流线体系，避免流线分割等造成的秩序混乱。

（3）合理利用枢纽功能空间

根据高铁枢纽功能空间，合理规划各类不同功能用房和客运服务设施设备的布设，充分考虑客运设备的规模、布局及客运量、换乘量等指标，全面考虑各种流线的流向、流量以及衔接问题，从点、线、面、体不同层次对流线进行设计，使整个流线系统与枢纽运行相协调。

（4）使流线明确清晰

高铁枢纽的建筑规模较大，导致部分旅客流线冗长无序，因此，明确清晰的旅客流线是高铁枢纽流线设计的基本要求，为旅客提供合理清晰的走行线路，提升旅客走行效率及舒适度。在进行流线设计时还需充分考虑旅客的出行需求，结合客运服务设施设备的配置，利用线、面、体各自特征造成的序列，提高枢纽交通流线的识别性和辨识度，保障高铁枢纽旅客出行心理上的认同感和视觉上的方向感。

2）交通流线设计方法

高铁枢纽流线设计是一体化衔接组织设计的基础，基于高铁枢纽多交通主体复合流线网络系统，在将流线设计转化为一类特殊形态交通网络初始方案构造问题的基础上，分层次、分阶段地进行高铁枢纽交通流线设计。

（1）流线网络分层次设计

流线网络分层次设计包括流线设计、流程设计、建筑空间设计以及设备设施配置等，其中，由于流线设计中的设计内容和设计层面存在差异，可以将高铁枢纽流线设计分为逻辑层设计、形态层设计、物理层设计三个层次。

逻辑层设计主要指高铁枢纽关联交通主体的交通流程设计，是高铁枢纽交通流线设计的基础。在设计过程中需要考虑活动内容、活动实现方式以及活动连接关系等。形态层设计是在流程设计基础上进行的流线空间序列设计，是高铁枢纽交通流线设计的核心，在设计过程中需要考虑流线轨迹、交通流承载量、三维空间形态等，不仅需要对单一交通流线进行相关设计，同时需要解决各方式交通流线间交叉冲突的不利影响。物理层设计主要包括构造流线空间序列所需设备设施以及建筑空间等的物理实体设计，是高铁枢纽交通流线设计的外现。

（2）流线网络分阶段设计

根据流线网络物理层设计的阶段性，高铁枢纽交通流线网络设计分为两个阶段，总体布局阶段和详细设计阶段，并遵循"先合理布局、后详细设计，逐条布设、优化成网"的一体化设计思路。

高铁枢纽交通流线网络总体布局阶段需要解决枢纽多模式交通流线网络与换乘流线网络的空间分布及走向问题。基于枢纽功能空间布局等构建高铁枢纽核心交通流线网络总体框架，同时确定各方式交通流线的走向、边界和衔接点，形成初步的流线网络布局方案。

高铁枢纽交通流线网络详细设计阶段需要在流线网络总体布局的基础上，结合枢纽设备设施的类型、布局、规模以及枢纽建筑空间要素，形成更为详细、具体的流线网络方案。例如：根据高铁枢纽设施设备的空间布局方案对各方式交通流线进行详细设计，精细化枢纽交通流线轨迹；并结合设施设备的配置规模以及枢纽建筑空间要素，对精细化流线进一步进行量化设计和空间设计。

在不同的流线网络设计阶段，各层次的流线网络形态也存在差异。在流线网络总体布局阶段，物理层为各交通功能模块，逻辑层为各交通功能模块间的逻辑关联，形态层为各交通功能模块衔接构成的交通网络；在流线网络详细设计阶段，物理层为枢纽设备设施，逻辑层为枢纽设备设施之间的逻辑关联，形态层为枢纽设备设施衔接构成的交通网络。

上海虹桥高铁枢纽结合了通过式与等候式人行流线模式，尽量避免枢纽各方式人行流线间的相互干扰，保障人行流线的畅通有序[22]。虹桥枢纽高架候车大厅位于地上二层，其进站流线如图6-10（a）所示。乘坐社会车辆、出租车的换乘旅客通过高架道路由枢纽南北两侧到达落客平台，再而进入候车大厅；乘坐常规公交的换乘旅客通过西交通广场（地面层）及西交通中心（地下一层）到达虹桥枢纽西客厅，再而乘扶梯进入二层候车大厅；乘坐地铁的换乘旅客出地铁站后在地下一层东西两侧乘自动扶梯进入二层候车大厅；磁浮站及虹桥机场航站楼方向的换乘旅客分别通过地下一层和地上二层的贯通通道进入二层候车大厅。

上海虹桥枢纽高铁出站大厅位于地下一层，旅客在高铁站台（地面层）下车后从南北两侧的人行出站通道到达高铁出站大厅后离开，其出站流线如图6-10（b）所示。社会车辆通过同层西交通中心的地下车库接旅客离开枢纽；换乘出租车的旅客前往交通换乘大厅（地下一层）南北两侧出租车通道离开枢纽；换乘常规公交的旅客通过西交通中心和公交场站乘公交离开枢纽；换乘地铁的旅客则从交通换乘大厅西侧地铁站点进站后乘地铁离开枢纽。

成都东站高铁枢纽采用上入上出与下入下出相结合的旅客进出站交通组织模式[28]（图6-11）。考虑到旅客出行的多样性，入站口采取分散布局，乘坐社会车辆的旅客，可从高架层进入客站二层候车厅，或从地下停车场上至地面广场再进入客站；而搭乘公交车的旅客，则进入客站地下公交站场，而后根据出行需求，或入站乘车，或换乘其他交通；乘坐地铁的旅客，需经换乘大厅到达地面

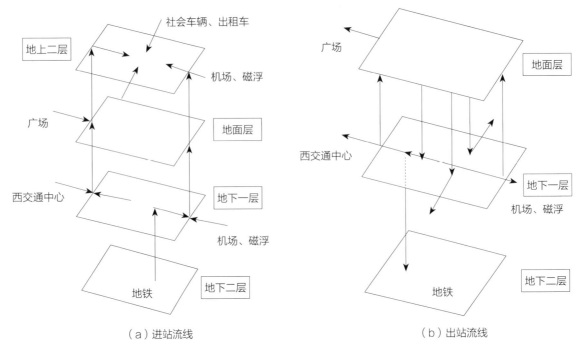

图 6-10　上海虹桥枢纽进出站流线示意图

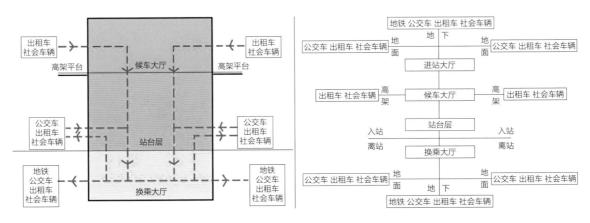

图 6-11　成都东站进出站流线示意图

广场，再进入客站。出站口对接换乘大厅，到站旅客经站台通道下至换乘大厅，而后根据需求进行交通选择。

　　成都东站以"上入上出、下入下出"的流线组织，通过高架、广场、地下等层面对入站客流进行协调组织，而出站客流则集中在换乘大厅进行统一组织，紧密结合了出入客流的活动特征，确保流线组织得平稳有序、互不干扰。

　　郑州站高铁枢纽的旅客流线则采用上入上出、上入下出、下入下出相结合的组织模式[28]（图6-12）。枢纽东广场为既有广场，主要集中社会车辆、出租车以及公交车等地面交通，旅客到达后经广场进入枢纽；而西广场为新建广场，在规划之初考虑到对地铁的引入，继而采取立体开发方式。广场北侧及西侧为公交港，地铁站位于广场地下，旅客可通过地铁出站口上至广场，选择入站或换乘其他交通，或进入地下一层的出租车港、停车场进行换乘。由于枢纽未设置连接东西广场的地下通道，因而各站台地道口都设有引导标识与地图系统，以便旅客选择出口。从东广场出站的旅客可在广场搭乘社会车辆、出租车以及公交车；从西广场出站的旅客可选择在地下一层搭乘社会车辆、出租车以及地铁，或在地面广场搭乘公交车离站。

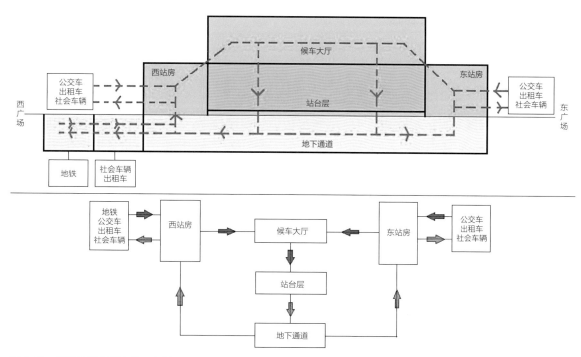

图 6-12　郑州站进出站流线示意图

6.4
站城融合下高铁枢纽一体化组织设计

6.4.1　站城融合下高铁枢纽交通组织设计理念与原则 [29-31]

1）站城融合高铁枢纽交通组织设计理念

随着我国高铁客运的发展，高铁枢纽的建设朝着交通组织设计一体化、客流换乘一体化、路网交通及各类车场设计一体化以及站城结构一体化的方向发展，从而打造出站城融合视角下的高铁枢纽。站城融合通过合理的土地利用规划、产业空间布局、公共交通接驳设计以及空间优化等，将站的交通枢纽交通组织功能与部分城市功能融合，实现高铁枢纽与周边区域的一体化发展。

站城融合理念还强调将人与站、人与城相结合，交通组织更应该融入人的城市生活中，达到"精心、精细、精致、精品"的设计要求，从而实现高铁枢纽"畅通融合、绿色温馨、经济艺术、智能便捷"的一体化衔接组织设计。人的交通行为不仅仅是以出行为目的，同时交通过程所涉及的城市空间也应作为人的空间生活的重要组成部分，其中：畅通融合体现了高铁枢纽无缝换乘、车站功能复合以及站城一体的设计理念；绿色温馨体现了高铁枢纽全生命周期绿色交通组织的设计理念；经济艺术体现了高铁枢纽交通组织文化性、地域性和可识别性的设计理念；智能便捷体现了高铁枢纽交通组织信息化、智能化水平的设计理念。

2）站城融合高铁枢纽交通组织设计原则

（1）以宏观的角度来看，站城融合要求高铁枢纽交通组织要坚持以产业为中心的设计理念，"站"是为城市产业的要素流动提供交通载体，产业在"站"及周边片区形成产业集聚并整合城市功能，促进片区的发展。

（2）以微观的角度来看，站城融合要求高铁枢纽组织要坚持以人为本的设计理念，"站"是人们交通出行的过程空间，而城市则为人的日常生活提供物质空间，"出行+生活"的认知强化将促进交通过程空间成为生活空间的重要组成部分。

6.4.2 站城融合下既有高铁枢纽交通组织改善措施[32-33]

对于既有的高铁枢纽，站城融合主要是对其区域存在的组织问题进行循序渐进的改造，其中系统组织包括枢纽内部交通功能布局优化，枢纽内外的交通组织，场内部地面层、地下层和地上层的衔接组织，以及交通组织智能化的重新设计，最终重新营造出一个富有活力的城市空间。这不是一个一蹴而就的过程，需要在站城融合协同发展的过程中，探寻更多的可能性，提出更多具有针对性和个性化的解决方案。

1）枢纽内部交通功能布局优化

高铁枢纽多采用高架式的布局方式，这类布局方式具有轨道下方可利用空间富余、换乘交通方式类别丰富、交通组织复杂等特点。针对这些特点，可采用"公共交通优先、立体交融"的原则进行交通功能布局优化。①以公共交通优先原则进行交通场站布置；②充分利用枢纽内部立体结构进行分层布局；③交通枢纽内部交通功能融合城市功能协同发展。

2）枢纽内外交通组织优化

高铁枢纽内外交通组织的优化设计要围绕"治乱、治堵、通畅、安全"的目标，进一步提高路网密度，优化公交线路，强化交通管理。枢纽内外的交通组织包括公交车交通组织、出租车交通组织、长途汽车交通组织以及社会车辆交通组织等，根据枢纽内部各类车辆的需求量，优化高铁枢纽内部各类车辆临时停靠站点。

3）场内部各层的衔接设计优化

高铁枢纽场站内部地面层、地下层以及地上层的衔接设计要进行统一的规划，地下层、地面层以及地上层进行联动开发与一体化设计。地下层为轨道交通和地下车库，通过换乘通道与各类车站连接起来；地面层为城市广场；地上层通过连廊等与周围地块连接。

4）交通组织智能化设计

交通组织智能化设计可采用智能语音技术、智能控制技术、计算机信息网络技术以及无线传感器网络技术，构造新型的综合信息管理与服务平台、智能出租车系统、智能公交调度系统等。实现综合信息管理与服务系统、枢纽内旅客服务系统和车辆管控的智慧化运行，有效解决"人车互扰"的难题。

6.4.3　站城融合下高铁枢纽交通组织设计方法

交通是维持城市正常运作的生命线，与城市发展联系紧密，良好的交通结构有助于引导城市形态的健康发展。首先，作为城市的交通门户，高铁枢纽需要保持便捷高效的交通功能，并通过全面引入内外交通资源，发展以高铁枢纽为主体的现代化综合交通枢纽，以实现城市内外交通的全面衔接与快速换乘；同时，高铁枢纽交通组织需要符合城市交通的总体规划，以城市交通结构为基础，综合考虑城市交通的整体需求，采取外部协调、内部优化、立体衔接的交通组织方式，确保高铁枢纽交通系统的良好运作；其次，通过发展立体化的高铁枢纽交通空间，以"零换乘"理念对各类交通方式进行协调组织，结合换乘大厅、换乘单元及换乘通道，构建高效、便捷的交通换乘系统；再者，采用地下通道、地面匝道、高架驳桥等立体衔接方式，减少乘客在站外空间的停留与等候，提高其通行、换乘效率，确保高铁枢纽综合交通系统的高效运作，提高站城交通协同的整体效率。

1）"多维联通、立体交互"的一体化衔接设计

在内外交通的衔接组织上，高铁枢纽规划应从站城交通的整体关系入手，积极引导高铁枢纽与城市交通网络全面对接。一方面，通过对枢纽周边道路进行立体开发与协调组织，利用高架引桥、地面匝道、地下通道等立交方式，结合立体分流、人车分流等疏导方式，将旅客直接引入枢纽，减少在站外空间的步行距离与停留时间，提高其通行效率；另一方面，铁路交通的"高速化""公交化"运营，推动站内空间从"等候式"转向"通过式"、从"分散化"转向"一体化"，精简枢纽空间的构成形态，减少站内旅客的通行距离与等候时间，推动枢纽内外交通的"无缝衔接"。

2）"以人为本、以流为主"的一体化换乘设计

在内外交通的换乘组织上，将城市交通引入枢纽内部，分层、分区设置交通站点及泊位，利用立体换乘系统进行衔接，并通过换乘大厅、换乘通道引导旅客分流，提高高铁枢纽换乘的选择性与便利性，满足民众便捷出行及"零换乘"的需求，使高铁枢纽成为城市综合交通枢纽，提升高铁枢纽的交通功能及内在价值。

3）"融合高效、绿色智慧"的组织辅助设计

融合集成客流实时采集分析、实时智能交通组织、智慧停车等智能交通系统，并通过资源的最优化配置以及枢纽全信息共享以实现高铁枢纽最大限度的组织服务。设置智能化自动检票、引导、疏散、泊车等设施，充分考虑不同旅客差异化的需求，使旅客出行得以更加智慧化。推行绿色生产模

式，组织辅助设施设备设计采用清洁材料和能源，在枢纽内外设置相应的绿化区域，开启绿色智慧枢纽的新篇章。

本章参考文献

[1] 陈富昱，范丙泽. 天津西站综合交通枢纽规划简述[C]//城市交通发展模式转型与创新——中国城市交通规划2011年年会暨第25次学术研讨会论文集. 2014: 640-647.

[2] 易磊，吕麦霞. 西安北站地下停车场交通组织优化设计研究[J]. 工程技术研究，2019，4（9）: 181-182.

[3] 陈学民，杨志红，杨权. 南京南站交通综合体规划与设计[J]. 建筑创作，2012（3）: 58-64.

[4] 苏发亮. 铁路南京南站综合交通客运枢纽换乘设计与建设管理的思考[J]. 铁道经济研究，2013（6）: 76-79.

[5] 孙浩. 综合客运枢纽换乘衔接方案设计与评价[D]. 长春: 吉林大学，2014.

[6] 程璐. 铁路客运枢纽与常规公交换乘衔接问题研究[D]. 兰州: 兰州交通大学，2017.

[7] 倪虹. 铁路客运枢纽站与城市公共交通的换乘衔接研究[D]. 兰州: 兰州交通大学，2012.

[8] 何启宁. 重庆铁路客运站与城市交通的衔接研究[D]. 成都: 西南交通大学，2011.

[9] 王晶. 基于绿色换乘的高铁枢纽交通接驳规划理论研究[D]. 天津: 天津大学，2011.

[10] 王宝辉，刘伟杰，铁路客站交通枢纽总体布局与内外衔接设计. 中国市政工程，2009（10）: 73-74.

[11] 屈东，靳更平，李娜. 高铁枢纽交通分析与进出站系统设计——以郑州南站为例[J]. 广东土木与建筑，2019，26（12）: 37-43.

[12] 韩亚男. 火车站站前广场交通空间组织研究[D]. 哈尔滨: 东北林业大学，2010.

[13] 韩传玉，袁英爽，李南秋. 综合交通枢纽车道边交通组织方式研究[J]. 城市道桥与防洪，2019（4）: 32-36，8.

[14] 辛晓敏. 城市轨道交通车站应急疏散研究[D]. 北京: 北京交通大学，2015.

[15] 安双双. 基于城市公交系统的应急交通疏散策略研究[D]. 重庆: 重庆交通大学，2015.

[16] 吴正言. 应急疏散交通组织优化方法研究[D]. 长春: 吉林大学，2011.

[17] 蓝善民. 高铁站应急疏散研究[D]. 成都: 西南交通大学，2014.

[18] 张业. 高铁客运枢纽换乘问题的研究[D]. 大连: 大连海事大学，2012.

[19] 陈君福. 铁路客运站与城市轨道交通换乘衔接研究[D]. 北京: 北京交通大学，2010.

[20] 郭炜，郭建祥. 上海虹桥综合交通枢纽总体规划设计[J]. 上海建设科技，2009，（3）: 1-6.

[21] 曹嘉明，郭建祥，郭炜，等. 上海虹桥综合交通枢纽规划与设计[J]. 建筑学报，2010（5）: 20-27.

[22] 周世暾. 京沪高速铁路客运站工作组织方案研究[D]. 成都: 西南交通大学，2010.

[23] 夏胜利. 高铁客运枢纽交通流线设计理论与方法研究[D]. 北京: 北京交通大学，2016.

[24] 朱小娟. 大型铁路客运站旅客流线布置研究[D]. 成都: 西南交通大学，2008.

[25] 尹玉龙. 地铁车站超大客流流线设计与优化[D]. 成都: 西南交通大学，2013.

[26] 徐丽敏. 基于旅客集散行为的大型客运枢纽旅客流线优化研究[D]. 重庆: 重庆交通大学，2014.

[27] 漆凯. 城市客运枢纽站旅客流线优化研究[D]. 北京: 北京交通大学，2012.

[28] 靳聪毅. 站城融合引导下的当代铁路客站规划设计研究[D]. 成都: 西南交通大学，2019.

[29] 桂汪洋. 大型铁路客站站域空间整体性发展途径研究[D]. 南京: 东南大学，2017.

[30] 盛晖，李春舫，沈中伟，等. 站与城，何为？[J]. 建筑技艺，2019（7）: 12-17.

[31] 田涵文，贾玉洁，冯小学. 站城融合视角下的京张高铁清河站东广场设计研究[J]. 铁道标准设计，2021，65

（4）：134-138，164.

[32]　王章华，谢明. 综合客运枢纽设计问题与对策[J]. 交通企业管理，2018，33（5）：33-35.

[33]　蒋玲钰，陈方红，彭月. 综合客运枢纽功能区空间布局优化研究[J]. 铁道运输与经济，2009，31（11）：69-71.

7

第 7 章

高铁枢纽交通衔接
系统仿真与评价

7.1　站城融合视角下的高铁枢纽交通衔接系统仿真

7.2　高铁枢纽交通衔接系统宏观仿真

7.3　高铁枢纽交通衔接系统微观仿真

7.4　站城融合视角下的高铁枢纽交通衔接系统评价

高铁枢纽交通衔接系统的规划建设、运营组织与系统管理不仅影响高铁枢纽本身，而且对枢纽周边乃至整个城市的交通系统都会产生影响。基于高铁枢纽客流演化规律，分析与评估高铁枢纽交通衔接系统的网络布局、运行组织与流线设计方案，需要从专业知识、实用技术到系统工具（平台）全方位的支撑。交通仿真技术可以实现对高铁枢纽交通衔接系统的流程化、系统化、一体化分析，可发现高铁枢纽交通衔接系统在交通需求分析、交通网络衔接、交通运营组织等方面存在的问题，并为相关交通方案的制定提供支持，将对站城融合理念在我国的实践与应用产生深远影响。

本章首先梳理了高铁枢纽交通衔接系统仿真的内涵及基本思路，并分别从宏观和微观两个视角，设计了衔接系统交通仿真的功能架构和实现流程，最后基于仿真结果提出了衔接系统的评价指标与评价方法。

7.1
站城融合视角下的高铁枢纽交通衔接系统仿真

高铁枢纽交通衔接系统仿真充分利用交通仿真技术机制灵活、描述准确、场景丰富的特点与优势，剖析站城区域交通系统的交通流宏微观特征，针对当前站城交通系统存在的问题，可通过多方案比选，因地制宜地采取完善措施，实现对既有衔接系统的改善以及规划衔接系统的优化。

本节通过对站城融合视角下，站城区域交通系统仿真内涵的剖析，明确高铁枢纽交通衔接系统仿真功能及其作用，并对交通仿真的框架进行设计。

7.1.1　高铁枢纽交通衔接系统仿真内涵

高铁枢纽交通衔接系统是一种涵盖铁路、私人小汽车、常规公交、轨道交通等多种交通方式、承载枢纽内外客流运行的复合系统。衔接系统的客流主要包含了高铁的接驳出入类客流、城市内枢纽换乘客流以及枢纽区域的城市交通客流等，一般具有时空分布波动、交通需求差异、出行行为复杂等特点。其客流一般通过私人小汽车、常规公交、轨道交通、出租车及慢行等交通方式单一或组合承载。在实际运行中，高铁枢纽交通衔接系统受到枢纽功能定位、周边土地开发、交通网络规划、相关管理体制等多因素影响，导致此处的交通系统设施结构布局非常复杂，这也对高铁枢纽系统的需求分析、规划建设、运营管理等提出了更高的要求，需要从涵盖整个城市、枢纽周边、枢纽内部等不同维度进行全面、深入的系统分析。

高铁枢纽交通衔接系统的规划、设计与管理等工作一直以来就是一项具有挑战性的复杂工作[1]。尤其是在站城融合的理念下，需要在精准认知交通系统运行现状的基础上，综合谋划土地开发、交通分析、网络布局以及组织设计的需求，并为未来交通发展及潜在问题的解决做好预留。在具体的交通分析、政策决策与方案执行时，应当把高铁枢纽作为关键节点放在城市交通网络中，严格考虑其网络布局、组织设计等在时空维度上对交通系统供给和需求的直接、间接影响。同时，上述影响也会作用在高铁枢纽上，并反馈至高铁枢纽系统内部。

　　高铁枢纽交通衔接系统的交通需求特征杂、出行方式组合多、运营组织管理难，不像传统的城市交通规划与设计工作，有相应的国家规范或行业标准作为指导，而抽象且单一的数学模型同样无法应对衔接系统的复杂理论描述与精准分析需求。因此，对高铁枢纽衔接系统规划、设计、管理等方案的分析、比选和评估必须借助一定的技术手段。交通仿真技术及定制化系统平台为高铁枢纽的交通综合分析及决策支持提供了可能。

　　交通仿真技术是系统仿真技术的一个应用分支，是基于现代计算机技术，利用仿真模型、软件和技术来复现宏观、微观交通流随时间、空间变化的特征，解析其演化规律，并找寻在给定特性条件下交通问题最优解决方案的一门技术[2-3]。基于交通仿真技术进行交通衔接系统的建模分析工作，可以充分利用交通仿真技术模型机制灵活、背景描述准确、分析能力强大、实际应用方便的特点，发挥交通仿真精准可控、安全经济、方便易用的优势，对衔接系统进行高效、快速、精准的分析，进而多角度地反馈与优化衔接系统的规划、设计与管理方案。

　　考虑到高铁枢纽交通衔接系统在交通需求预测、交通网络衔接与运营组织管理等方面关注重点、场景特征、分析要求、颗粒程度的不同，推荐开展宏观和微观两类交通仿真[4]，如图7-1所示。

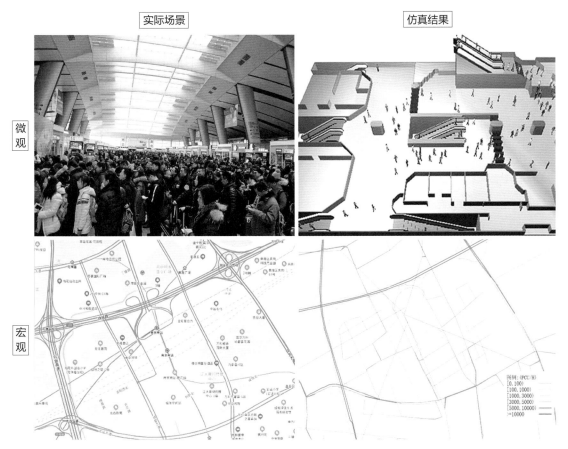

图 7-1　高铁枢纽交通衔接系统的场景与仿真

1）高铁枢纽交通衔接系统宏观仿真主要关注系统运行过程中整体性表征，如道路/节点的流量、速度、密度，交通方式的运行状态等，而不考虑交通参与个体或交通工具之间的微观相互作用。宏观交通仿真可以支撑高铁枢纽交通衔接系统总体运行特征、交通需求分析、交通网络衔接等的定量化分析与评价。

2）高铁枢纽交通衔接系统微观仿真则关注交通参与个体的运动，可以精细描述乘客、交通工具、交通设施的时空演化情况。微观交通仿真可以支撑高铁枢纽交通衔接系统关键节点、特殊路段的运营组织、管理控制等的定量化分析与评价。

7.1.2 高铁枢纽交通衔接系统仿真的作用

由于高铁枢纽交通衔接系统仿真在经济性、精准性、便捷性及可再现性等方面优势显著，对站城交通系统的需求分析、网络衔接、运营组织的分析与评价具有重要的实践指导价值。借助高铁枢纽交通衔接系统仿真工具，可以有效解决站城交通系统在规划、设计、管理等工作时资金投入大、环境影响杂、决策因素多等问题[5]。

通过宏观、微观仿真分析，对站城交通系统的交通需求、网络衔接、运营组织进行整体性的综合评价，并基于仿真结果对站城交通系统进行反馈与优化，促进高铁枢纽与城市交通系统间协调发展。其仿真的作用主要体现在以下方面：

1）支撑需求精准分析

交通需求分析是站城区域交通系统规划、设计、管理的重要前提与决策基础，也是交通业务部门的核心工作之一。典型的交通规划设计主要通过构建土地开发、人口分布与交通活动的互动关系，进行交通需求分析与交通流量预测，但由于缺乏对交通需求差异性、交通演化动态性的关注，传统方法获得的交通需求结果往往只在静态层面，其他的交通需求特征需要交通仿真技术的支持与帮助。

充分考虑高铁枢纽内部、枢纽影响区、衔接系统影响区与城市范围内多模式交通系统交通出行需求差异，利用站城区域土地利用、人口分布、经济发展等交通需求分析相关数据，构建基于宏观交通仿真技术的差异化交通需求分析模型；进一步梳理与理解站城区域交通需求的时空演化规律，明确宏观交通仿真系统架构下的站城区域交通需求预测应用方法，实现对高铁枢纽交通衔接系统交通需求的总量、分布、演化的精准化分析。

2）评价网络衔接布局

在精准获得了站城区域交通需求的基础上，需要进一步分析交通需求与衔接网络之间的供需是否平衡，以及交通需求的承载与客流的运输是否科学与高效等问题。其中，高铁枢纽的多模式网络衔接、交通方式转换能力与效率等是非常关键的指标。以往对于此类交通网络与方式的衔接布局分析，主要通过计算交通系统/网络的静态指标，如站点覆盖率、路网/线网级配与密度进行，无法实现对交通需求、交通网络间的通盘考虑，局限性较大。

借助宏观交通仿真分析，明确高铁枢纽交通衔接系统的空间定位、功能模式以及与周边区域的互动发展情况，确立站城交通系统多模式网络的发展与布局模式；并通过宏观交通仿真，获取当下交通网络衔接的交通量分布及其变化情况，梳理潜在的交通热点、堵点等重要交通区域/节点。针对重点交通区域/节点，以微观交通仿真技术为切入点，分析站城交通系统与周边城市空间的适应性，合理布局交通网络空间格局，结合宏观交通仿真结果细化网络衔接评价要素，促进站城交通系统空间及用地拓展合理性，进而引导城市土地合理利用。

3）优化运营组织方案

作为站城区域交通系统的应用端，交通运营与组织管理方案往往最终决定站城交通系统的整体运转好坏。由于高铁枢纽交通运营与组织管理是涉及面最广、时间波动最大、影响因素最多的环节，一直以来交通领域都采用仿真技术进行运营组织方案的分析，发现方案缺陷并进行针对性的完善与优化。对于高铁枢纽交通衔接系统而言，考虑到枢纽交通的复杂性，对其运营组织方案进行交通仿真显然更加有必要且有意义。

在高铁枢纽出入口、交通站点、广场、商业及其他空间等层面，依托微观交通仿真技术，可以分析获取运营组织方案的实践效果，并基于此改善站城区域交通系统旅客流线设计与空间利用，优化网络布局关键节点的组织设计，提高系统整体运行效率，并将更高质量、更有效率的交通服务提供给站城区域交通系统的使用者。

7.1.3　站城融合视角下高铁枢纽交通仿真系统构架

在站城融合背景下，高铁枢纽交通衔接系统交通仿真的开展，需要以日常的站城区域交通分析业务需求为指引，根据不同的业务需要，有针对性地选择开展宏观交通仿真、微观交通仿真或组合交通仿真。站城区域交通仿真工作首先需要构建仿真数据库，在此基础上构建交通仿真分析理论模型并对模型的参数进行标定；随后选择匹配仿真需求的成熟交通仿真软件并搭建仿真平台系统，将交通分析业务需求转化为可仿真的方案及预案。高铁枢纽交通衔接系统仿真的构架如图7-2所示。

高铁枢纽交通衔接系统仿真，需要以大数据、人工智能、互联网+、虚拟仿真等革命性技术为支撑，通过"统一的数据、统一的方法、统一的软件"，构建共享的站城区域交通仿真平台，实现站城融合需求分析一体化、交通网络布局衔接一体化、交通运营管理一体化。

高铁枢纽交通衔接系统仿真分析平台把交通大数据及智能化技术用于提升站城融合交通系统的规划建设、管理控制、运行服务与安全保障的水平。通过构建相应的理论模型、系统软件与测试平台，形成能对政府决策环节提供精细化、定量化、可视化、快速反应的决策支持平台，确保站城融合交通仿真具有"交通优化的思维能力"。

高铁枢纽区域相关政策决策的论证往往"任务急、时间短、要求高、跨部门"，临时收集数据、人工建模计算的传统模式已经无法适应政府决策支持要求。高铁枢纽交通衔接系统仿真分析平台，旨在融合来源于多部门的交通数据，构建统一的交通数据库，提供统一的交通分析方法，建立共享的交通仿真平台，产生定量化、精细化、可视化的交通仿真结果，最终实现跨部门、跨行业的站城融合联合与协作。

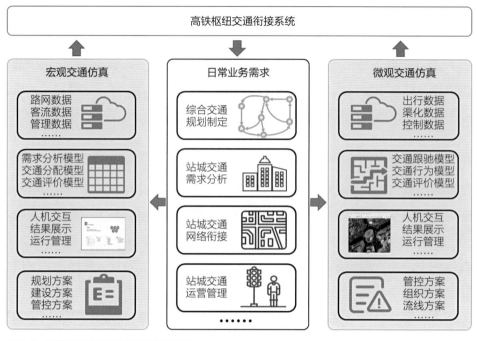

图7-2 高铁枢纽交通衔接系统仿真架构

7.2
高铁枢纽交通衔接系统宏观仿真

宏观仿真技术从大尺度时空视角出发，重点关注交通流在衔接系统及整体网络上的时空分布特征和变化，通过简化对枢纽与交通要素、各类交通设施以及交通主体行为的细节描述，在统计意义上实现批量化考虑交通流演化的目的，为高铁枢纽交通衔接系统的规划建设、管理优化及辅助决策提供理论依据与技术支持，进而最大限度地实现枢纽衔接系统内出行供给与需求的平衡。

本部分主要针对宏观交通仿真技术在高铁枢纽交通衔接系统中的应用，梳理宏观交通仿真的功能体系与技术流程架构，并对高铁枢纽交通衔接系统的宏观交通仿真流程进行了细化设计。

7.2.1　高铁枢纽交通衔接系统宏观仿真功能

高铁枢纽交通衔接系统宏观仿真是以高铁枢纽及其衔接的综合城市交通网络为核心对象、以实现城市交通供需平衡为目标、以城市大尺度时空演变规律为应用场景的虚拟现实交通研究与分析系统[6]。我国十多年的高铁建设经验表明，高铁枢纽交通衔接系统宏观仿真能够为解决高铁站规划选址、衔接交通网络设计、落客平台客流组织分析等问题提供理论依据与技术支持，最大限度实现枢纽衔接系统出行供给与需求的平衡。图7-3所示为南京市高铁枢纽的宏观仿真案例。

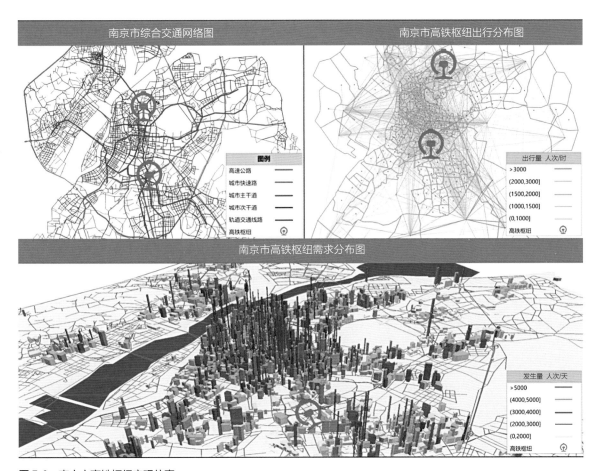

图 7-3　南京市高铁枢纽宏观仿真

通过宏观交通仿真，可以确立高铁车站在城市功能布局中的相对位置关系，构建衔接高铁与城市交通系统的综合交通网络，描绘高铁枢纽各类组成设施和出行者的交通行为特征，进而在规划层面实现城市对外铁路交通出行的站城融合需求预测，在建设层面实现高铁枢纽衔接道路及公交网络的站城融合网络设计，在政策层面实现面向高铁枢纽管控策略实施效果的站城融合政策模拟[7]，并可为高铁枢纽既有问题解决与潜在问题预防等预案提供形式统一、内容丰富、行之有效的实用工具与分析手段。

对于高铁枢纽交通衔接系统既有问题解决，宏观仿真在充分把握城市的用地类型、人口分布、产业结构、交通组成等相关信息的基础上[8]，可以构建与现实情境高度一致的数字化站城交通虚拟仿真系统；通过对枢纽地理要素、经济要素、交通要素的简化，可以再现交通问题的产生、发展及影响的演变场景，提炼问题产生原因的关键症结，制定问题解决的方案；利用计算机的强大计算能力，可以在数字城市仿真系统中完成对不同备选方案实施效果的精准推演，评估比选得到最佳解决方案。凭借宏观仿真强大的模拟能力，能够大大降低方案评估难度和实施成本，为针对性解决高铁枢纽衔接交通系统的既有问题提供有效的支持。

对于高铁枢纽交通衔接系统潜在问题预防，宏观仿真在充分解析城市总体规划方案、针对分析交通专项规划方案、精准把握高铁枢纽建设定位的基础上，可以构建未来规划情境下的数字化站城交通虚拟仿真系统。通过横向比较同类型高铁枢纽运营经验与深度分析目标高铁枢纽衔接交通系统的差异化特征，可在高铁枢纽选址、多维客流接驳、重大事件应对等方面制定潜在场景多、覆盖范围广、目标针对强的仿真方案[9]。凭借强大的预测能力，宏观仿真能够有效规避规划方案的潜在问题，为提高决策的科学性、增强规划的适应性提供有力的支撑。

7.2.2 高铁枢纽交通衔接系统宏观仿真架构

高铁枢纽交通衔接系统的宏观仿真系统由基础数据库、分析模型库、平台软件库及备选预案库四个部分组成[10]，如图7-4所示。宏观仿真系统通过聚焦高铁枢纽交通衔接系统的宏观交通属性与基础设施布局，实现多元数据存储与可编辑数据交互；依托系统模型算法与快速并行计算，构建模块化组织的平台软件，形成包含便捷人机交互、精准需求提取、快速运行分析与宏观系统评估在内的基本仿真功能；面向高铁枢纽交通衔接系统的规划、建设、管理等多种业务场景，基于要素融合与功能组合针对性地提出多种备选预案；依据站城融合宏观评估结果，实现方案比选与可视化图形表达，为交通衔接系统的规划、建设及管理提供科学的理论支撑与效果预判。同时，宏观仿真系统通过预留外部接口，实现与微观仿真系统在基础数据、分析模型、仿真结果等方面的动态互通，全方位、多层次地进行高铁车站周边区域交通系统的仿真与分析。

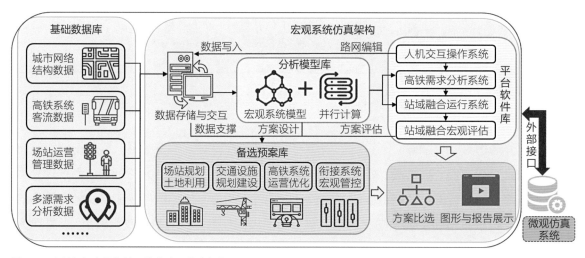

图 7-4　高铁枢纽交通衔接系统的宏观仿真架构

1）基础数据库

基础数据库是站城融合宏观仿真系统的基本驱动，涵盖了高铁枢纽交通衔接系统的宏观特征数据与基础设施布局[11]。首先，需要设计多模式复合交通数据的结构标准与存储逻辑，便于基础多元数据与可编辑数据的计算机解析与处理。随后，面向城市网络结构数据、高铁系统客流数据、场站运营管理数据及多源需求分析数据，构建宏观仿真系统基础数据库，实现基础数据的分类立体存储及实时滚动更新。

2）分析模型库

分析模型库是站城融合宏观仿真系统的理论核心。在剖析衔接系统交通需求分布、高铁客流特征、城市网络结构及场站运行信息的基础上，采用多交通方式、多出行模式网络协同建模的方法，融合高铁车站多层次换乘及运营组织，构建多场景多尺度的站城融合宏观仿真分析系统的模型，并引入自适应机理优化模型参数。为节约服务器计算资源，整合数据层、模型层及计算层实现并行处理与运算，支撑大规模站城融合衔接系统的高性能宏观仿真。

3）平台软件库

平台软件库是站城融合宏观仿真系统的功能核心，在功能层面包括了人机交互操作系统、高铁需求分析系统、站城融合运行系统及站城融合宏观评估系统。平台软件库需要具备适用于站城融合运行分析需求的交通仿真流程，体现仿真功能模块之间的逻辑匹配关系，并面向交通规划建设、管理控制、政策法规制定需要，支撑站城融合衔接系统的动态推演。考虑到在不同应用场景下站城融合实施效果评估的实际需求，平台软件库还应具备综合运行结果的评价指标体系，可实现多目标量化评估[12]。

4）备选预案库

备选预案库是站城融合宏观仿真系统的业务应用，包括了面向场站规划土地利用、交通设施规划建设、高铁系统运营优化及衔接系统管理控制等多种工程应用背景，搭建层次化仿真测试场景并形成备选预案。通过仿真结果引导与资源配置优化间的反馈架构与规划机制，备选预案库可实现站城融合衔接系统在便捷性、经济性、高效性等因素间的博弈与平衡，并基于多目标融合实现仿真量化评估与交通资源配置的闭环反馈—优化互动良性循环，为宏观政策制定提供科学的理论支撑与效果预判。

7.2.3　高铁枢纽交通衔接系统宏观仿真设计

为了贯彻以需为引、供需匹配的设计理念，在高铁枢纽交通衔接系统的宏观仿真中，应当充分考虑高铁枢纽中交通需求的空间集聚性和时间周期性两大特征[13]，高屋建瓴地做好顶层设计，打造分析精准化、预测长远化、模型丰富化、管控标准化的交通需求分析研判模块，以及宏观网络衔接均衡、分析多样的宏观网络衔接仿真模块。高铁枢纽交通衔接系统宏观仿真设计的大致流程如图7-5所示。

1）交通需求精准分析

在交通需求分析研判模块中，分析数据是基础，整合城市对外交通需求、城际过境交通需求、城市内部出行需求等多种交通需求数据，形成整体统一、局部分离的数据分析体系；分析模型是核心，构建全面、可靠、准确的软件模型保证交通需求分析结果的可信性，为交通宏观仿真提供科学依据；需求管控是保障，合理、精细、得当的需求管控功能设计以促进交通衔接系统的供需平衡，前瞻、适宜、高效的需求引导控制功能设计以促进交通衔接系统的良好发展。

面向城市多模式交通需求，通过宏观政策调控、微观技术仿真两大仿真模块，涵盖经济、行政、法律、交通管理、城市规划等手段，实现对枢纽内部和外部交通需求的导向式发展引导，形成调节需求、平衡供给、精准管理"三位一体"的交通需求宏观仿真系统设计，系统解决交通供给失衡问题。

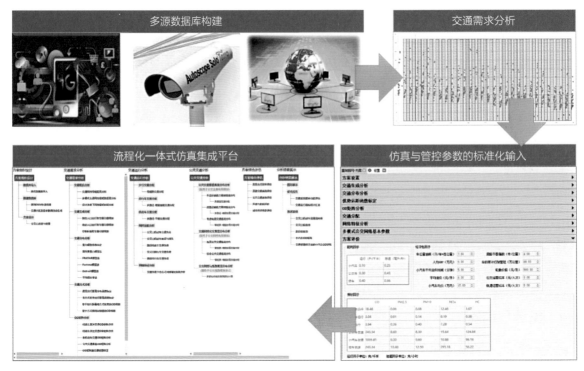

图 7-5 高铁枢纽宏观仿真设计示意图

其中，针对站城融合下的土地开发利用，建立居住用地、工业用地、商业用地、市政基础设施用地、仓储用地等多方式土地类型下的交通需求模型，量化分析；同时，考虑枢纽需求发展的时间变化特征，构建长短时一体化交通需求预测体系，对标短期、中期、远期的城市交通规划，支撑枢纽设施建设周期下的交通需求时变分析与动态预测。

2）宏观网络衔接评价

在宏观网络衔接仿真模块中，立足于多模式交通网络一体化分析，着眼于交通网络衔接的顺畅性，解决枢纽内部交通网络与城市交通网络的近期、中期、远期衔接匹配问题，构建更加精准的仿真模型，从而实现枢纽内和枢纽间各类资源的整合，形成能对土地利用、政策制定、设施建设、管理控制等环节政府决策提供定量化、精细化、可视化的快速反应的决策支持系统。在城市交通系统宏观仿真的基础上，定制式开发由高铁枢纽基础数据库、交通需求分析模型库、平台仿真软件库、备选策略预案库四大部分组成的站城一体宏观网络衔接仿真平台[10]，支持站城融合区域多模式网络交通的一体化仿真分析，包括交通运行状态预测、接驳换乘分析评估、停车系统评估、环境影响评估、交通经济成本评估等。一方面，平台模块应能再现枢纽内宏观网络衔接的交通运行状态，并可预测未来某时间段的交通运行状态，协助管理者及时发现堵乱点等限制网络系统整体效率的衔接点；另一方面，平台模块应能够分析高铁枢纽与其他枢纽节点间的交通运行状态，进行枢纽节点间的交通运行协同分析，在时间维度统一调度资源，不浪费交通运力、不过度使用交通设施，避免出现明显的"潮汐"现象，做到高铁车站内外交通资源合理配置。

宏观网络衔接仿真分析由综合评价、图形显示向决策者和使用者提供他们最希望了解的信息。首先，在充分把握畅通工程、公交都市、绿色交通、慢行交通等热门发展方向的基础上，综合参考国内外最新研究成果和国内相关规范与指南，从居民出行效率、枢纽运行效率、设施运行效率、交通节能减排和系统经济性几个角度构建服务于软件评价功能的指标体系[14]，能将仿真结果数据中最有价值的结论性信息悉数提炼和转化为直观的交通系统运行指标，使决策者能够在完成交通仿真后全面掌握当前网络运行状态并迅速了解土地利用、网络规划、交通政策等对交通系统整体效率产生的影响，从而为枢纽交通运行的科学决策提供支持。

7.3
高铁枢纽交通衔接系统微观仿真

相比宏观仿真关注系统的整体演化与运行，微观交通仿真则是再现枢纽交通衔接系统内交通流运行的细部规律，是对系统进行管理、控制和优化的重要试验手段和分析工具。对于高铁枢纽交通衔接系统而言，微观交通仿真可以解析高铁枢纽内部及周边的客流组织，也可以明确城市交通与高铁周边/内部交通间的微观互动关系。

本节首先探讨了高铁枢纽交通衔接系统微观仿真功能应用，其次设计了衔接系统微观交通仿真架构，最后对高铁枢纽区域周边交通系统的微观交通仿真方法进行了细化设计。

7.3.1　高铁枢纽交通衔接系统微观仿真功能

有别于宏观仿真从城市整体的角度看待问题，高铁枢纽交通衔接系统的微观仿真从个体的视角出发[15]，是以高铁枢纽衔接交通系统的布局结构与设施为背景条件、以描述旅客和车辆等个体的运动行为模型为核心支撑、以精准再现高铁枢纽运行状态为实现目标的小范围、精细化虚拟现实分析系统。高铁枢纽交通衔接系统微观仿真作为支撑枢纽合理运营和科学管控的重要技术手段，已在国内外众多大型现代化高速铁路枢纽的客流组织运营评估、衔接交通组织管理及旅客服务政策制定等方面得到了应用，具体包括衔接路网优化、行人流线分析、站厅设施布局等[16]。图7-6所示为高铁枢纽及城市交通衔接系统微观仿真案例。

微观仿真能够实现个体级别的行为模拟、贴近真实的场景设计和丰富多样的结果展示，在高铁枢纽衔接交通系统的运营保障、管理优化、政策实施等方面发挥巨大的作用。利用微观仿真系统挖掘旅客出行特征及其时空变化规律，对高铁枢纽的日常运营与突发事件进行快速响应分析。利用微观仿真系统构建高铁枢纽进出站口与公交、地铁、出租车等衔接交通的行人流线连接关系，为优化各种运输方式的协调运输组织、提高高铁枢纽接驳效率提供指导。利用微观仿真系统描述候车大厅及出站通道的各种设施的空间布局[17]，为特殊时期的进站二次安检和出站防疫检查等政策的顺利实施提供重要保障。

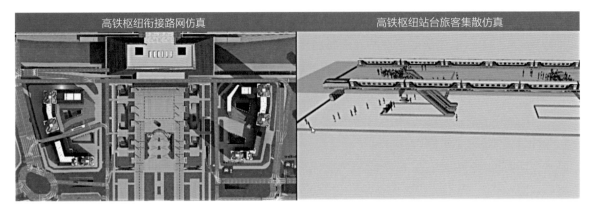

图 7-6 高铁枢纽及城市交通衔接系统微观仿真

对于保障高铁枢纽衔接交通系统的正常运营，制定突发情况应对预案和快速响应机制必不可少，其基础是充分调研不同时期的客流数据，这也是微观仿真的重要数据来源。客流数据包括高铁枢纽的集散客流截面流量、进出站通道的承载能力和安检票务设备的通过能力等[18]，这些数据在输入微观仿真后得到高铁枢纽衔接交通系统的客流时空变化特征。通过改变微观仿真的参数设置，模拟突发情况在现实中产生的连锁反应；根据影响程度的不同制定针对性预案和快速反应机制，并在微观仿真系统中进行验证，做到有备无患。

对于优化高铁枢纽衔接交通系统的管理水平，微观仿真在收集衔接交通方式的接驳位置、站台规模、运营时间等信息的基础上，在空间维度构建连接进出站口与衔接交通换乘位置的旅客行人流线、在时间维度模拟旅客接受服务的排队形成和消散变化[19]。通过在仿真系统中改变接驳交通方式的行驶路线、发车频率和运营时间，优化"削峰填谷"管理方案，保证在高峰时期旅客排队可控、在平峰时期服务有源可用，使得高铁枢纽衔接交通系统的秩序井然。

对于保障特殊时期高铁枢纽衔接交通系统的政策顺利实施，微观仿真在建立包含候车大厅、停靠站台、出站大厅、换乘中心等综合立体空间结构的基础上，协同考虑安检、票务、检验检疫等可移动设备和扶梯、通道、出入口等固定设施的空间位置关系，制定可移动设备的摆设方案[20]，并通过微观仿真结果指标对方案进行优化调整，做到在保证检查效果的基础上提高旅客出入效率、降低时间延误损失，从而为政策的高效稳定应用实施提供全面支撑。

7.3.2 高铁枢纽交通衔接系统微观仿真架构

高铁枢纽交通衔接系统的微观仿真架构如图7-7所示，与宏观交通仿真系统一样，也由基础数据库、分析模型库、平台软件库及备选预案库四部分组成[10]。微观仿真系统通过采集出行者在高铁枢纽与城市交通衔接过程中的微观出行行为与出行特征，建立基础数据库，实现实时动态数据存储与可编辑数据交互。在模型方面，通过构建层次化的微观仿真模型体系，实现对站城融合微观衔接、活动出行时空条件、出行模式、外部环境等的影响解析。通过模块化组织，形成站城融合微观交通仿真平台，实现包含便捷人机交互、精细枢纽仿真，精准特征分析与微观系统评估在内的基本仿真功能。在多源数据融合、车流客流耦合的背景下，微观仿真以提升衔接系统组织效率为目标，针对多种业务场景进行方案设计和方案评估，并依

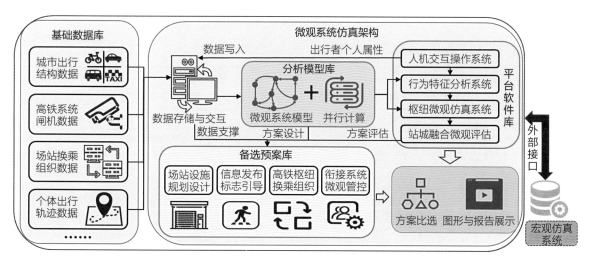

图 7-7　高铁枢纽交通衔接系统的微观仿真架构

托仿真结果进行方案比选与可视化图形展示，验证仿真结果差异，反馈更新仿真环境。同时，微观仿真系统通过预留外部接口与宏观仿真系统动态互通，实现高铁枢纽交通衔接系统的多尺度建模与一体化分析。

1）基础数据库

高铁枢纽交通衔接系统的微观仿真基础数据库包括城市出行结构数据、高铁系统闸机数据、场站换乘组织数据及个体出行行为数据、个体出行轨迹数据等，可用于支撑站城交通系统在不同场景下的微观仿真分析。由于站城融合衔接系统的多模式间关联复杂，同时微观网络评价、运营组织分析等仿真要求较高，需要建立面向多源微观数据的分布式采集架构及面向混合微观网络的并发式存储架构，以支撑高铁站周边交通系统微观仿真实现。

2）分析模型库

高铁枢纽交通衔接系统的微观仿真分析模型库涵盖出行行为分析模型、交通运行特征模型、交通微观运行演化等模型。微观分析模型库需要借助高铁乘客全出行链的时空轨迹，实现对出行时空轨迹的特征分析和多模式出行行为的动态估计[21]。基于海量的站城融合客流数据截取枢纽换乘交互片段，并采用并行计算框架分析模型库可实现对高铁枢纽换乘类、服务类和候乘类设施处的各类交通主体的行为快速识别与提取，并构建形成微观交通行为特征参量集，支撑高铁枢纽交通衔接系统微观层面的精准仿真。

3）平台软件库

平台软件库是站城融合微观仿真实现的技术手段及实用工具。微观仿真平台软件需要首先满足数据—规则多层级的系统框架要求，形成涵盖站城交通微观仿真特征分析、交通行为演化、交通系统运行、枢微观评估等在内的模块组织，并对应设计好模块间的数据接口及通信规则。微观仿真结果的评价与展现同样重要，需要设计好站城融合微观仿真评估指标体系，实现动态评估与可视化表达，支撑备选预案库的方案设计与方案评估。

4）备选预案库

备选预案库的设计需要以场站设施规划设计、信息发布标志指引、高铁枢纽换乘组织、衔接系统微观管控等典型站城融合微观组织为要素开展[22]，并具备验证微观仿真系统表征完善度、运行加速比及仿真精度的功能。针对不同微观仿真思路，还需设计站城融合换乘时间、速度、流量等多测度交通信息的可视化编码方案，按照信息来源与内涵进行逻辑分类与集成，支撑高铁枢纽交通衔接系统微观仿真的落地应用。

7.3.3 高铁枢纽交通衔接系统微观仿真设计

在宏观引导、微观再现、反馈控制的理念指导下，对高铁枢纽交通衔接系统进行微观仿真构建高铁枢纽内部小网络微观仿真数据库，对微观网络衔接和微观交通运营组织进行虚拟仿真，并将微观仿真结果反馈至宏观仿真，形成闭合的逆向反馈控制机制，同时提高宏观和微观的仿真效果。高铁枢纽交通衔接系统的微观仿真设计，及其与宏观仿真之间的交互如图7-8所示。

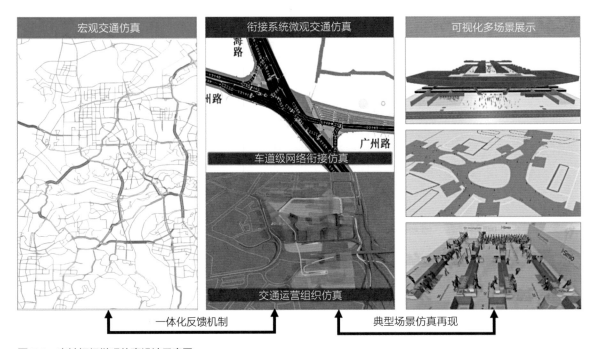

图 7-8 高铁枢纽微观仿真设计示意图

1）微观网络衔接评价

微观网络衔接模块中，微观网络数据库是基础，构建车道级的网络拓扑结构数据库、行人级的交通换乘数据库、车位级的停车管理数据库等，支持精细化的微观交通仿真实现；微观模型是核心，构建车流仿真、行人流仿真、停车规划、交通管理与控制等微观仿真模型库，支撑枢纽内车辆微观运行仿真、换乘行人流仿真、典型节点的个性化仿真等的再现；定向分析是重点，在高铁枢纽的复杂环境中，对不同场景下多样化衔接网络进行微观仿真分析，评估衔接点的车车之间、人人之间和人车之间相互作用，根据管理需求，定向分析评估重要节点的车流运行状态、行人流运行状态、节点通行能力、节点衔接效果、停车管理等，分别支持内部道路交通渠化、慢行交通设施优化、重要节点评估及诱导引流、网络衔接顺畅性、停车场诱导等枢纽内部交通评估和优化。

微观网络衔接模块须设置交通瓶颈点的识别功能，特别是针对特殊节点（如进/出站口、落客平台、安检口、公交场站、地铁口等），结合传统交通瓶颈点识别手段，辅以人工智能、云计算、视频识别等新技术手段处理实时数据，一方面，建立反馈机制实时标定与修正仿真参数和结果；另一方面，将网络状态的预测分析和动态监测结合起来，并通过立体可视化实时更新显示当前状态，协助管理者方便、快捷、全方位把控枢纽内交通运行状况。

2）交通运营组织优化

微观交通运营组织模块重点关注末端交通节点的运营仿真，搭建节点内部的微循环动态时空仿真体系。空间上，以功能业务为导向，构建干道网络跟驰换道模块、匝道优先控制模块、停车诱导模块、信号控制模块、轨迹分析模块、行人过街模块、电梯节点模块、出/入口控制管理模块等涉及高铁枢纽运输信息的精细化仿真模块；时间上，侧重高铁与市内公共交通的班次接驳问题，在考虑乘客换乘时间的情况下优化多模式公共交通的排班和场站布局，以人为本，以减少到站乘客滞留的时间和进站乘客的等车时间、提高服务水平为最终目标。

微观交通运营组织中，基于视觉可视化的多种交通场景的实时再现与状态预测是精细化仿真的前提，5G等物联网技术加持下的人、车、路之间的互联互通、协同控制是精细化仿真的保证，基于大数据、车辆网、车路协同等的微观交通仿真模型是精细化仿真的核心，打造以人为本、服务至上、快捷高效、节能减排的高铁枢纽是根本，它们贯穿于微观交通运营组织优化分析的全过程。

7.4
站城融合视角下的高铁枢纽交通衔接系统评价

高铁枢纽交通衔接系统评价的核心是对系统是否达到预期目标的一种估计。通常而言，交通评价的内容包括了评价目的（为什么）、指标体系（怎么评）、评价模型（内容）、综合评价（方法）。通过考量评价结果与预期间的差异，进一步提升与改善高铁枢纽交通衔接系统的各项方案。

本节首先建立了站城融合视角下的高铁枢纽交通衔接系统的评价体系，提出面向衔接系统评价指标，覆盖设施供给、组织布局、网络协调、站城融合四个方面，通过高铁枢纽交通衔接系统的宏微观仿真获取评价所需数据，最后综合评价指标，对衔接系统的规划设计、运营管理、运作效能以及融合程度进行定量化评价。

7.4.1 高铁枢纽交通衔接系统评价体系

对高铁枢纽交通衔接系统进行以人为本、科学有效的评价是改善既有衔接系统管理运营效能、优化规划衔接系统设计建设方案，推进站城融合一体化发展、营造宜居宜业站城环境的必由之路。只有在充分尊重人的需求基础上，通过定性化与定量化相结合、系统化与精准化相交融的综合评价，才能抓住既有衔接系统存在问题的客观表现与深层原因，发现现状衔接系统的不足以及未来可能出现的问题，从而针对性地采取改善与优化措施。

站城融合视角下的高铁枢纽交通衔接系统评价是以人文关怀和科学精神为基础，坚持以人为本、科学有效的目标导向，以多准则系统分析为手段，对衔接系统的性能表现进行定性与定量融合评估，并最终转化为主观效用判断的过程，主要包括系统规划者、运营管理者和出行参与者三方面的评价主体。

高铁枢纽交通衔接系统是一个融于城市时空之中，包含多方主体、多项目标及多种约束的复杂系统，对城市的传承发展、居民的工作生活等方面至关重要。因此，其评价指标体系应充分彰显以人为本的核心评价理念，尊重城市的自然历史与人文底蕴，全面考虑评价多方主体的需求与权益，并且应遵循完备性、客观性、科学性、实用性的原则，以对既有及规划衔接系统进行全面、系统地综合评价，从而促进高铁枢纽与城市全方位、多维度地融合，推动城市由分割式布局、粗放型扩张逐步转向人性化、精细化、科学化发展，为城市居民提供更高效、更便捷、更舒适、更绿色的出行和生活模式。衔接系统评价体系的建立要以人的需求为目标核心，将衔接系统中的重要属性作为指导准则，建立多元评价指标体系，其中准则主要包括以下四个系统属性：设施供给适应性、组织布局合理性、衔接路网协调性以及站城融合密切性。基于综合评价的目标与准则，采用层次分析法，建立一套以人为本、科学高效的高铁枢纽与城市交通一体化衔接系统评价体系，如图7-9所示。

7.4.2 高铁枢纽交通衔接系统评价指标

传统评价指标多以定性评价为主，缺乏对系统进行定量化的评价，主要原因就是定量化评价所需的大量数据无法或者难以准确获取[23-24]。依托高铁枢纽交通衔接系统宏微观交通仿真，在充分考虑评价指标的人性化与科学性的前提下，从系统设施供给适用性[25]、组织布局合理性[26]、衔接路网协调性[27]以及站城融合密切性[28]四个方面对定性与定量评价指标提供支撑，其中设施供给适用性、衔接路网协调性及站城融合密切性三方面指标数据来源于系统宏观交通仿真，组织布局合理性的相关指标数据来源于系统微观交通仿真。

1）评价准则1：设施供给适用性

（1）枢纽运能匹配度。该指标是指高铁枢纽中各种交通方式的出行需求与其运输供给能力的匹配程度，是反映高铁枢纽中各种运输方式间协调性的关键指标，可用于对高铁枢纽中各种交通基础设施适用性的评估，由高峰小时集散客流量除以出行乘客选择不同交通方式的期望运输能力得出。

（2）平均换乘系数。该指标可通过计算通过高铁枢纽换乘量占城市范围内总客运换乘量的比例得到，用来评估高铁枢纽转运换乘出行者的供给能力，能够体现枢纽对于城市客运换乘的重要程度，以

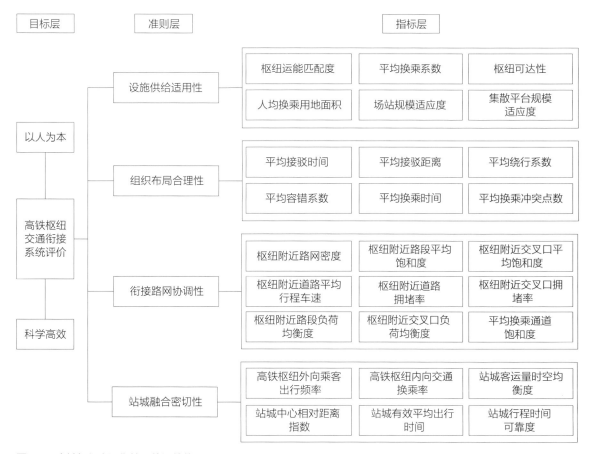

图 7-9 高铁枢纽交通衔接系统评价体系

及与城市运输整体的协调水平。

（3）枢纽可达性。高铁枢纽的可达性是指从城市其他位置到达高铁枢纽的容易程度，用来衡量枢纽为乘客提供集散服务的定量化范围，可以体现站城融合中对出行者便捷性的关怀程度，具体计算可用出行成本的导数来表示。

（4）人均换乘用地面积。该指标的定义为高峰小时内，高铁枢纽中每位换乘出行者可以占用的平均步行用地面积，可由步行换乘设施面积除以换乘客流量得出，能够直观表征高铁枢纽中换乘通道的拥挤程度，以及换乘设施供给能力与客流需求的匹配性，体现出高铁枢纽对于换乘出行者空间舒适性的关怀程度。

（5）场站规模适应度。该指标指衔接系统中各类场站设施的设计规模与实际换乘需求的适应程度，一般用各类场站的设计规模与所需规模按换乘客流量加权平均计算得到，其中场站设施主要包括公交停发场站、私家车停车场、出租车临时停车区等。

（6）集散平台规模适应度。该指标指衔接系统中各类集散平台设施的设计规模与实际集散需求的适应程度，一般用各种集散平台的设计规模与所需规模按出行者换乘量加权平均计算得到，其中集散平台主要包括轨道交通站台和公交中间站等。

2）评价准则2：组织布局合理性

（1）平均接驳时间。该指标指衔接系统内全部接驳路线上所有出行者在接驳阶段所用时间的平均值，根据出行者流动方向可分为进站与出站两类细分指标，能够表征出行者在衔接系统内换乘的快捷性，是评估衔接系统内接驳设施布局合理程度的关键指标。衔接系统内一条接驳路线的平均接驳时间可由该线路中各方式出行的接驳时间按流量加权平均计算得到。

（2）平均接驳距离。该指标指衔接系统内全部接驳路线上所有出行者接驳距离的平均值，可通过旅客平均步速与平均接驳时间的乘积求得，能够表征出行者在衔接系统内换乘的方便性，以衡量衔接系统中接驳设施布局的合理性。

（3）平均绕行系数。该指标为接驳实际出行距离与接驳路线起终点间直线距离的比值，根据出行者流动方向可分为进站与出站两类细分指标，能够评估衔接系统中接驳路线布置的合理性。衔接系统的平均绕行系数可通过计算系统内全部接驳路线上的出行者绕行系数的加权平均值得到。

（4）平均换乘冲突点数。该指标可以表征衔接系统内车流与客流的干扰程度，通过计算高峰小时所有换乘客流量用不同换乘通道对应冲突点数的加权平均值得到，能够用来衡量衔接系统内的客流的换乘组织水平。

（5）平均容错系数。接驳路线容错系数为出行者在期望接驳路线上的接驳时间与在非合理接驳路线上的接驳时间的比率，平均容错系数为衔接系统内全部接驳路线容错系数的加权平均值，能够衡量衔接系统内接驳路线设置的容错能力，表征系统整体接驳设施布局对出行者接驳可靠性的影响。

（6）平均换乘时间。该指标由衔接系统内全部换乘出行者选择各种换乘方式的换乘时间加权平均计算得到，能够表征衔接系统内出行者在不同交通方式之间换乘的运转效率。

3）评价准则3：衔接路网协调性

（1）枢纽附近路网密度。该指标指在高铁枢纽附近一定范围内各等级道路的总长度与该范围内土地面积的比率，是衡量衔接系统中路网建设规模和供给能力的重要指标，可以为高铁枢纽规划与管理部门提供建设目标，为分析枢纽交通情况提供参考依据。

（2）平均换乘通道饱和度。换乘通道饱和度为高峰小时换乘通道的出行者流量与通道通行能力的比值，平均换乘通道饱和度为衔接系统中所有换乘通道饱和度按流量的加权平均值，可以表征衔接系统中换乘通道的总体服务水平。

（3）枢纽附近路段平均饱和度。路段饱和度指高峰小时路段上的交通量与其设计通行能力的比率，枢纽附近路段平均饱和度指衔接系统中各个路段饱和度按路段长度的加权平均值，是评估衔接系统中路网整体服务水平的重要指标。

（4）枢纽附近交叉口平均饱和度。交叉口饱和度指高峰小时通过交叉口的交通量与该交叉口的设计通行能力的比率，为交叉口内各个进口道的饱和度平均值。枢纽附近交叉口平均饱和度为衔接系统内所有交叉口饱和度的算数平均值。

（5）枢纽附近道路拥堵率。该指标为衔接系统路中枢纽附近路段服务水平为E级或F级的里程占路段总长度的比值，能够表征衔接系统中路段交通运行的整体拥堵情况。

（6）枢纽附近道路平均行程车速。行程车速为车辆在路网中的实际行驶里程与行程时间（包含行驶时间、驻车时间）的比值，枢纽附近道路平均行程车速为衔接系统中路网所有路段平均行程车速按交通量的加权平均值，可以用来评估衔接系统内路网的运行顺畅程度，通过与自由流状态下平均行程车速的比较可以估计车辆行驶延误情况。

（7）枢纽附近交叉口拥堵率。该指标为衔接系统路网内主次干道上服务水平为E级或F级的交叉口数量与总数的比值，能够表征衔接系统中道路交叉口的整体拥堵情况。

（8）枢纽附近路段负荷均衡度。该指标可通过计算衔接系统中枢纽附近一定范围内各路段交通饱和度的标准差得到，可以反映高铁枢纽周围路网中路段交通负荷的均衡程度。

（9）枢纽附近交叉口负荷均衡度。该指标可通过计算衔接系统中枢纽附近一定范围内各交叉口交通饱和度的标准差得到，反映了高铁枢纽周边交叉口交通负荷的均衡程度。

4）评价准则 4：站城融合密切性

（1）高铁枢纽外向乘客出行频率。站城融合视角下的乘客出行频率指的是城市范围内乘客每月出行目的地为高铁枢纽点的各出行频次所占比率，包括通过高铁枢纽前往其他城市和以高铁枢纽为节点进行换乘，可以用来表征城市外向出行与高铁枢纽的联系程度。

（2）高铁枢纽内向交通换乘率。该指标是指城市内部交通需求中，不以高铁枢纽为出行起讫点却以高铁枢纽为换乘节点的交通量占比，可以用来表征高铁枢纽与城市内部交通衔接的紧密程度。

（3）站城客运量时空均衡度。作为城市交通重要换乘节点的高铁枢纽，通常在城市交通高峰期会承载大量的市内换乘客流量。站城客运量时空均衡度为高峰期枢纽市内换乘客流量占比与平峰期枢纽高铁客流量占比的比值，能够表征高铁枢纽平衡铁路客流与城市内部客流，以充分利用枢纽时空资源的能力。

（4）站城中心相对距离指数。该指标可通过计算高铁枢纽到城市中心的空间直线距离与城区建成面积平方根的比值得到。该指数能够根据城市规模自适应表征高铁枢纽与城市中心相对距离，可从空间角度反映高铁枢纽与城市融合发展的程度。

（5）站城有效平均出行时间。该指标指的是高铁枢纽与城市各区中心与出行时间的加权平均值，将各区域人口、GDP作为权重取值，反映了高铁枢纽与城市的可达性程度。

（6）站城行程时间可靠度。该指标从各交通方式出行者的角度评估城市各区中心点到达高铁枢纽的行程时间可靠性，可以用来表征出行者在期望行程时间内完成一次出行的概率，可通过计算在某一服务水平下，站城行程时间小于有效平均出行时间的概率得到。

7.4.3　高铁枢纽交通衔接系统评价方法

由于高铁枢纽交通衔接系统是一个涉及多方主体、包含众多指标的复杂系统，对其进行评价需要从整体角度出发，基于综合评价方法，合理分析、准确评估关键因素，使得衔接系统的规划设计与运营管理提质增效，进一步强化决策的科学性与人本理念。常用的综合评价方法包括模糊综合评价法、数据包络分析法、层次分析法及主成分分析法等，而在选择一种合适的综合评价方法时，需要考虑其理论成熟性、适用范围、是否便于理解和掌握等基础因素，更需要考虑评价方法背后体现的人文关怀等价值导向因素，一般不存在普遍适用的综合评价方法[28]。对于高铁枢纽交通衔接系统评价来说，针对其庞大指标参照系的科学目标与人文导向，本节介绍模糊综合评价法，用于高铁枢纽交通衔接系统综合评价。模糊综合评价是在充分考虑系统中各因素的特性及影响的基础上，应用模糊数学中的模糊变换原理及最大隶属度原则，对系统进行融合定性与定量分析的综合评价，具体步骤如下。

（1）建立因素集F。将影响高铁枢纽交通衔接系统的评价指标建立评价因素，包括系统的设施供给适用性、组织布局合理性、衔接路网协调性以及站城融合密切性四个方面的定量化评价指标。

（2）建立评语集R。评语集是评价者针对系统的某些属性，基于设定各级评语的百分制阈值，所给出分等级评价结果的集合。高铁枢纽交通衔接系统的评语集分为五等：优秀、良好、一般、及格和不及格。

（3）建立模糊评价矩阵M。根据高铁枢纽交通衔接系统中各个指标的具体数值，通过德尔菲法（Delphi Method），由专家对各因素进行打分，确定各个评价指标等级与对应的隶属度，根据最大隶属度原则，得到高铁枢纽交通衔接系统因素集模糊评价矩阵M。

（4）计算高铁枢纽交通衔接系统评价指标的评价结果A。通过层次分析法确定高铁枢纽交通衔接系统评价指标F对于评价结果的综合权重向量W，再选用某种模糊运算"$\odot$"，得到评价指标的评价结果A。其种"$\odot$"模糊算子模型主要有主因素决定型X（$\wedge$，$\vee$），主因素突出型X（$\bullet$，$\vee$）及加权平均型X（$\bullet$，$+$）三种，前两者重点考虑对系统效能影响最突出的因素，其他因素对最终结果的影响较小。本节采用加权平均型，该运算可以在评价结果中充分考虑各个因素对系统的影响，体现出高铁枢纽交通衔接系统的整体性。通过对四个准则层中各个指标的运算结果进行加权求和，得到最终的评价结果A。

本章参考文献

[1] 陈建宇. 基于Anylogic的成都北站铁路客流换乘城市轨道交通仿真研究[D]. 成都：西南交通大学，2014.

[2] JAVIER J S M, RAFAEL A, ANTONIO A, et. al. Traffic Simulation[M]//Intelligent Vehicles. UK: Butterworth-Heinemann, 2018: 404-424.

[3] O'CINNEIDE D, O'Mahony B. The Evaluation of Traffic Simulation Modeling[C]//Urban Transport XI: Urban Transport and Environment in the 21st Century. UK: WIT Press, 2005: 769-778.

[4] 邹智军. 新一代交通仿真技术综述[J]. 系统仿真学报，2010（9）：2037-2042.

[5] 刘丰之. 高速铁路枢纽站客流集散微观仿真[D]. 北京：北京交通大学，2010.

[6] 邹智军，杨东援. 道路交通仿真研究综述[J]. 交通运输工程学报，2001（2）：88-91.

[7] 王晶. 基于绿色换乘的高铁枢纽交通接驳规划理论研究[D]. 天津：天津大学，2011.

[8] 邓兴栋. 城市宏观交通仿真系统架构与关键技术研究[D]. 广州：华南理工大学，2010.

[9] 夏胜利. 高铁客运枢纽交通流线设计理论与方法研究[D]. 北京：北京交通大学，2016.

[10] 王炜，赵德，华雪东，等. 城市虚拟交通系统与交通发展决策支持模式研究[J]. 中国工程科学，2021，23（3）：163-172.

[11] 郑姝婕，程剑珂，张锦阳，等. 高铁枢纽客流特征与城市交通衔接性分析[C]//2020年中国城市交通规划年会论文集. 北京：中国城市规划设计研究院城市交通专业研究院，2020：1357-1370.

[12]　李翔宇，韩婷，马英，等. 基于商业活力提升的地铁站域站城融合度评价方法与体系构建——以北京城市副中心"绿心"项目为例[J]. 中外建筑，2021（5）：18-23.

[13]　方世忠. 高铁型综合客运枢纽建设的探索与实践探析[J]. 质量与市场，2020（7）：19-21.

[14]　赵慧. 多层次交通仿真评价指标体系研究[C]//第七届中国交通高层论坛论文集. 北京：中国系统工程学会，2011：1-8.

[15]　魏明，杨方廷，曹正清. 交通仿真的发展及研究现状[J]. 系统仿真学报，2003（8）：1179-1183+1187.

[16]　李得伟. 城市轨道交通枢纽乘客集散模型及微观仿真理论[D]. 北京：北京交通大学，2007.

[17]　周侃. 高铁客运枢纽换乘行为分析与设施配置方法研究[D]. 哈尔滨：哈尔滨工业大学，2013.

[18]　许振东. 区域轨道交通运能匹配机理及评价方法研究[D]. 成都：西南交通大学，2019.

[19]　贾洪飞，杨丽丽，唐明. 综合交通枢纽内部行人流特性分析及仿真模型参数标定[J]. 交通运输系统工程与信息，2009，9（5）：117-123.

[20]　聂广渊. 铁路综合客运枢纽交通设施布局及配置方法研究[D]. 北京：北京交通大学，2015.

[21]　王亮. 基于时空轨迹数据的移动行为模式挖掘研究[D]. 北京：中国科学院大学，2013.

[22]　施玉芬. 中小型高速铁路车站交通组织方法探析[J]. 交通世界，2020（32）：22-23.

[23]　陶思宇，冯涛. "站城融合"背景下新型铁路综合交通枢纽交通需求预测研究[J]. 铁道运输与经济，2018（7）：80-85.

[24]　杨波. 基于Arena仿真的高铁客运站服务水平优化研究[D]. 北京：北京交通大学，2016.

[25]　徐苗，钱振东，陆振波. 高铁型综合交通枢纽换乘组织综合评价[J]. 山西建筑，2010（2）：33-34.

[26]　戴继锋，赵杰. 高铁枢纽设施布局评价方法[J]. 城市交通，2010（4）：16-22.

[27]　谢静敏，陈鹏，余敬柳. 城市综合客运枢纽站区综合评价[J]. 工程与建设，2018（6）：959-966.

[28]　陶世杰. 京福高铁无为站站城融合程度分析及优化路径[D]. 芜湖：安徽师范大学，2018.

[29]　邓荟. 基于站城融合模式的大型铁路客站选址适应性研究[D]. 成都：西南交通大学，2019.

第 8 章

南京南站站城交通
衔接案例

8.1 南京南站枢纽概况

8.2 南京南站客流特征

8.3 南京南站影响区交通出行特征

8.4 南京南站换乘系统

8.5 南京南站落客坪交通特征

8.6 南京南站与城市交通一体化衔接优化

本章以南京南站为例，首先介绍南京南站枢纽概况，然后从客流特征、出行特征、换乘系统与落客坪交通特征四方面来分析南京南站枢纽的交通状况，最后总结南京南站枢纽交通存在的问题，提出站城交通一体化衔接的改善策略。

8.1
南京南站枢纽概况

南京南站位于江苏省南京市，在中国"四纵四横"高速铁路格局中连接南北、东西干线，是长三角城市群最大的铁路枢纽。它连接京沪高速铁路、宁杭铁路、沪汉蓉城际铁路等8条国家及区域铁路干线，形成3场、28条客运线的华东地区大型交通枢纽。

南京南站坐落于南京市主城区南部的江宁区与雨花台区交界处，以南京南站为中心规划发展的南部新城，使南京由单中心的城市格局升级为"一心（新街口）两片（河西片区、城南片区）"的圈层发展格局。

作为南京铁路枢纽的重要组成部分，南京南站占地近70万㎡，总建筑面积约45.8万㎡，其中主站房面积达28.15万㎡，是亚洲第一大高铁站。南京市是"一带一路"交汇点重要枢纽城市，依托"一带一路"倡议、长江经济带建设等国家战略，南京南站被定位为铁路主导型全国性综合客运枢纽。

8.2
南京南站客流特征

南京南站是城市对内、对外交通服务功能一体化的综合性客运交通枢纽，涵盖了高速铁路、公路客运、城市轨道、常规公交、出租车等多种交通方式。

8.2.1　城际客流特征

铁路出行旅客占南京南站所有旅客到发量的81.13%，公路出行比例为13.70%，公铁联程出行比例为5.17%。

在铁路客运方面，南京南站连接京沪高速铁路、沪汉蓉高速铁路、沪宁城际铁路、沪蓉沿江高速铁路、宁杭高速铁路、宁安高速铁路、宁合高速铁路、江苏南沿江城际铁路，总经停车次达到136次。近年来，南京南站铁路客运量稳步大幅上升，年平均增长约20%，2017年全年旅客到发量达7900万人次，日均约22万人次，年客运量如图8-1所示。

图8-1 南京南站铁路旅客到发量折线图

在公路客运方面，南京南站总计发车位32个，下客位16个，备发位32个。单日始发车次达到591次，辐射范围覆盖山东、浙江、湖北、安徽等省，2017年公路客运量达到1426.1万人次，近两年呈现下降态势，具体如图8-2所示。

图8-2 南京南站公路旅客到发量折线图

8.2.2 市内公交客流特征

在公交系统方面，南京南站地铁站是南京地铁最大的换乘枢纽，连接南京地铁1号线、南京地铁3号线、南京地铁6号线、南京地铁S1号线和南京地铁S3号线，6号线开通运营后，南京南站将成为中国第一个五线地铁换乘站。统计显示，南京南站地铁站平均日进站客流量约为8.8万人次，出站客流量约为8万人次。

常规公交在南京南站规划16对公交站台和23条（含3条夜间线）公交线路，其中，南京南站始发的公交线路共计12条，站点300m覆盖率约为55.5%，500m覆盖率约为86.2%。南京南站影响区内公交线路主要服务枢纽需求，住宅、办公等人口密集区域公交可达性不高。

南京南站枢纽在出租车运营方面，枢纽出租车场全日车流量8000～10000辆，发送旅客约2万人次。工作日出租车发送量相对较高，高峰时段东出租车上客区发送量达894辆/h。

8.3
南京南站影响区交通出行特征

本案例定义南京南站影响区为南京南部新城。南部新城是南京新城市中心，位于绕城高速、宁溧路、秦淮新河、机场高速围合的范围，是南京城市的标志性门户。该片区占地面积603.14km²，规划人口约10万人，主要分布在片区东南角和西北角，见图8-3。

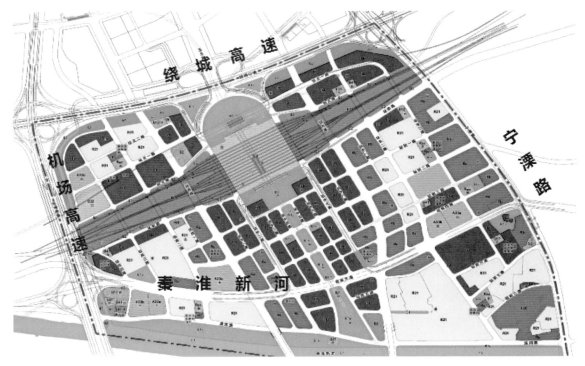

图 8-3 南京南站影响区

道路网络方面，影响区范围内，道路现已建成40.69km，完成规划的76.9%。区内规划路网密度为8.77km/km²，其中，快速路网密度为1.63km/km²，主干路网密度为0.88km/km²，次干路网密度为2.32km/km²，支路网密度为3.94km/km²。由高、快速路构成"两横两纵"快速通道网络；明城大道、绿都大道等道路形成站区内部交通使用的道路网络，如图8-4所示。人行道宽度以3～4m为主，占比约75%；非机动车道不连续，车道空间不足，总体规划慢行空间略显不足。

　　对影响区进出流量调查统计得，南京南站影响区晚高峰期小时驶入总量为8656pcu/h，驶出总量约9216pcu/h。如图8-5所示，影响区交通运行通畅，基本无交通拥堵现象。

　　　　快速路
　　　　主干路
　　　　次干路
　　　　支路
图 8-4　南京南站影
响区道路网络图　　单向匝道

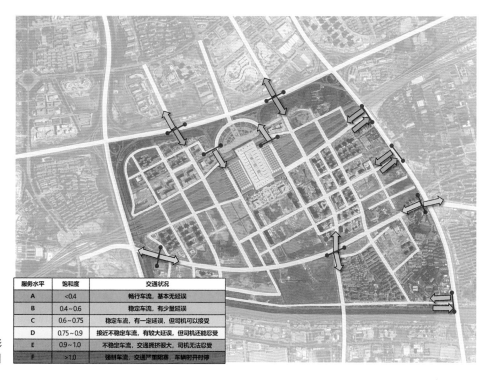

服务水平	饱和度	交通状况
A	<0.4	畅行车流，基本无延误
B	0.4～0.6	稳定车流，有少量延误
C	0.6～0.75	稳定车流，有一定延误，但司机可以接受
D	0.75～0.9	接近不稳定车流，有较大延误，但司机还能忍受
E	0.9～1.0	不稳定车流，交通拥挤很大，司机无法忍受
F	>1.0	强制车流，交通严重阻塞，车辆时开时停

图 8-5　南京南站影
响区道路交通状况图

　　南京南站影响区内居民的长距离出行方式主要以地铁出行为主，其次为网约车、常规公交及私家车出行，如图8-6所示。地铁末端接驳方式以步行和共享单车为主，分别占69.2%、15.4%，如图8-7所示。出行是否快速便捷以及费用是否合理是影响居民出行方式选择的主要因素。

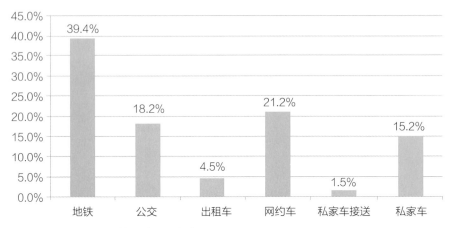

图 8-6 影响区内居民的长距离出行方式图

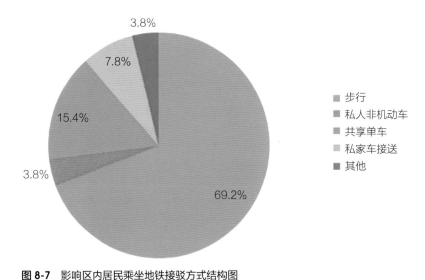

图 8-7 影响区内居民乘坐地铁接驳方式结构图

8.4
南京南站换乘系统

　　南京南站枢纽内换乘系统可细分为停车设施、出租车场、枢纽内部空间步行诱导系统、地铁接驳四个方面。

8.4.1　停车设施

停车设施方面，南京南站枢纽内部设置了6个停车场，具体分布及交通流线如图8-8所示。调查发现，P1～P6六个停车场合计泊位1762个。其中，P1停车场为站内大客车停车场，其余为小汽车停车场，P3、P4停车场周转率较高。停车位总量充裕，但使用不均。不同停车场与高铁站的紧密程度不同，P4和P3停车场可从内部直接进入南站。P2和P5停车场的车辆停车后需通过周边地面道路进入南站。交通流线便捷程度不同，P4和P3停车场分别为北、南部小汽车途经的第一个停车场。P5停车场位于流线的末端。

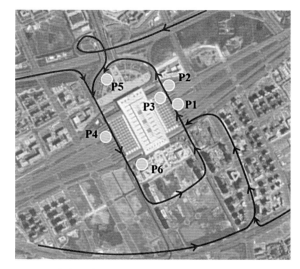

图 8-8　南京南站停车场分布及流向示意图

8.4.2　出租车场

出租车场运行方面，东出租车场多车道同时发车，运行效率较高，而西出租车场利用率相对较低。东出租车场部分用作新能源汽车中心，可蓄车约200辆，西出租车场改造完成后，可蓄车约100辆。受网约车冲击，出租车外部排队现象较为严重，蓄车区空间不足。出租车辆排队占用城市道路空间，导致内畅外堵的现象。

8.4.3　枢纽内部空间步行诱导系统

枢纽内部空间步行诱导系统方面，部分指示牌信息显示不够准确，部分关键节点指示信息有缺失，出租车西、P4停车场连接通道不明显，铁路与地铁在建设管理上衔接不足，部分细节有待完善。

8.4.4　地铁接驳

地铁接驳方面，地铁南京南站目前开通4条地铁线路，1号、3号线同站台换乘，站台偏站房南侧；S1线、S3线平行换乘，站台位于北广场下方，站台中心直线距离约350m。旅客实际换乘距离较长，达400～500m，步行需6～8min。

8.5
南京南站落客坪交通特征

南京南站共有南、北两个落客坪。北落客坪全长约270m，进出口各有一个停车场，并设出租车专用车道。详细车道设置如图8-9所示，图中车道1与车道2，车道2与车道3之间设置了车辆分隔墩，车道3与车道4之间设置了路中下客区和护栏。

南落客坪全长约270m，双向总计8车道，其中5股车道为由东向西的落客车道，详细车道设置如图8-10所示。车道1与车道2，车道2与车道3之间设置了车辆分隔墩，车道3与车道4之间设置了路中下客区和护栏。

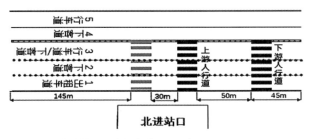

图 8-9　南京南站北落客坪车道设置示意图

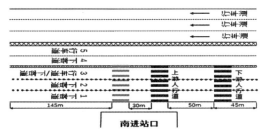

图 8-10　南京南站南落客坪车道设置示意图

在工作日出行高峰期间对南京南站南北落客坪进行观测。统计获得各车道的通行时间、让行次数、停车位置与停车时间等指标，如表8-1所示。

南京南站落客坪现状调查表　　　　　　　　　　　　　　　表8-1

	交通量（veh/h）	平均停车延误（s）	平均延误（s）	平均车速（km/h）	平均排队长度（m）	平均停车次数
北落客坪	1776	167.8	256.6	7.4	635	9.5
南落客坪	750	64.6	81.3	22.2	—	1.2

由表8-1数据可知，高峰期北落客坪车速极低，通行能力达到饱和，落客排队时间长，停车次数多，产生了严重的拥堵情况。高峰期南落客坪较为通畅，无需排队即可落客。

南北落客坪的乘客上下车位置空间分布相似。以北落客坪为例，内侧三条车道下客位置主要分布在上游路段，这是造成延误的主要原因。此外，落客坪存在大量违章上客的情况。车道4上下客集中在人行横道附近。

在调查中，调查人员发现南北两落客坪上不同车道落客、过客车辆比例呈现出一定的特征，北落客坪车流量大，落客车辆数量多。内侧3条车道的落客比例大，外侧2条车道的过客车辆比例较大。根据调查数据，绘制出南北落客坪落客、过客车辆比例柱状图，如图8-11所示。

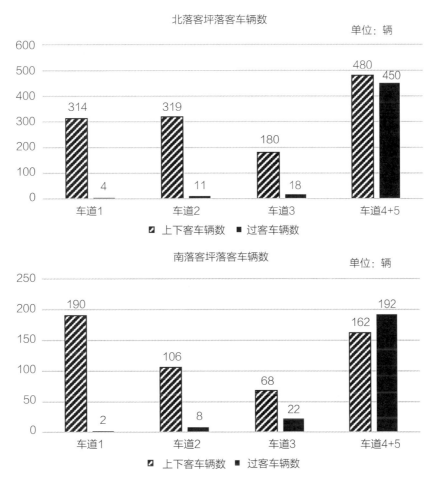

图 8-11　南北落客坪落客、过客车辆比例柱状图

对南北两落客坪下客停车时长进行统计，发现南北落客坪车辆上下客停车时间大多在30s以内。南落客坪车辆停车时长超过60s的所占比例偏多。车道1的车辆上下客相比于其他车道停车时间短，外侧车道4的上下客停车时间长。详细下客停车时长分布图如图8-12所示。

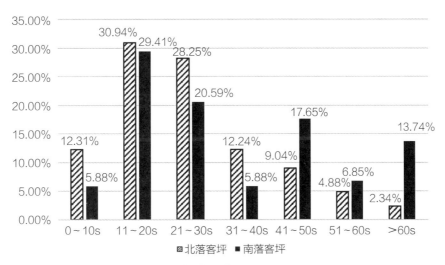

图 8-12　南北落客坪车辆上下客停车时长分布图

8.6
南京南站与城市交通一体化衔接优化

8.6.1　南京南站交通问题分析

1）南京南站影响区交通存在如下问题：

（1）道路网布局和功能问题：关键节点连通不畅；区域内东西向通道缺乏，联系不畅；道路建成度仅为76.9%，支路网建成度相对较低；存在大量断头路；总体规划慢行空间略显不足。

（2）南北广场衔接互通问题：从北广场到达南广场没有快速连接通道，需在外围道路绕行；南北广场周边地面道路不完善，断头路的存在进一步限制了南北广场的互通衔接；北落客平台交通组织混乱，越行车道未分离。

（3）交通管理问题：信号控制不完善，很多信号灯实际未启用；现场交通引导不足。

2）南京南站枢纽内部交通组织存在如下问题：

（1）接驳流线设置不合理，路线不清晰，距离远。

（2）接驳站点（地铁入口、公交站）设置不合理。

（3）未进行停车场功能分区，组织混乱；规划公共停车场尚未落实，路内停车现象普遍，较多车辆利用断头路空地停车。

（4）机动车流线绕行较多，车辆就近在落客坪违规接客现象严重。

3）南京南站落客坪交通组织存在如下问题：

（1）缺乏对车辆必要的分流引导措施，导致送客车辆过度集中于北落客坪，北落客坪拥堵严重。

（2）落客坪各车道利用不均，部分车道存在利用率不足的现象。

（3）落客坪人行横道位置附近停车下客过于集中，降低了车道整体利用率。

（4）落客坪违章上客现象严重，加剧了车道拥堵和行车延误。

8.6.2　南京南站与城市交通一体化衔接改善策略

1）南京南站影响区道路网络优化

（1）打通关键节点，提升主城通往南站南广场的连通性

在双龙大道与金阳东街交叉口处设置出口匝道，方便双龙大道主路车辆直接由金阳东街到达南广场落客平台。完善机场高速与宏运大道互通，方便主城方向客流可由机场高速，经宏运大道直接到达南广场落客平台。完善双龙大道与宏运大道互通，加强宏运大道与双龙大道的交通衔接。推进宏运大道快速化改造，提升南京南站片区南部的接入功能。详细方案如图8-13所示。

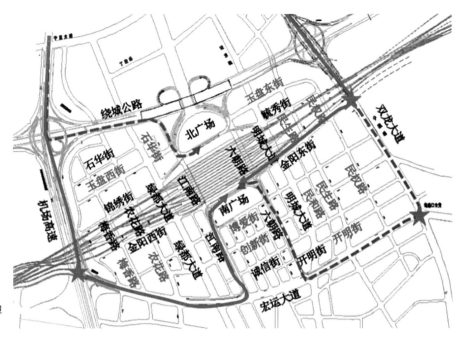

图 8-13　南京南站周边
道路优化示意图

（2）打通枢纽内部道路，提升南北广场之间的互通与衔接

打通民生路、民权路与金阳东街的开口，加密南站东侧南北互通道路，缓解北广场落客坪的车流压力，进一步释放南广场的服务功能。打通创新街，直接连通六朝路进站匝道开口，减少车辆绕行，进一步加强南北广场互通衔接，同时服务于绿都大道等南站西侧道路直通南广场的车流。详细方案如图8-14所示。

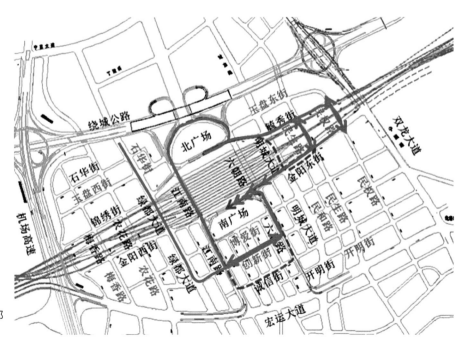

图 8-14　南京南站内部
道路优化示意图

2）南京南站影响区公共交通组织优化

（1）构建多层次公交网络

以轨道交通为基础，打造多层次公交网络，包括：过境公交线路、枢纽集散公交线路、片区微公交线路。过境公交线路和枢纽集散公交线路主要设置在主干路上（双龙大道、宏运大道、明城大道、绿都大道），是片区对外放射公交干线；片区微公交线路主要结合居住区、办公建筑进行布局，构建"环+X射线"的微公交网络，衔接轨道交通站点，发挥"前后一公里"客流接驳和区内客流公交出行的功能，如图8-15所示。

（2）片区微公交线网规划

如图8-16所示。西环：联系西片区居住小区、商办建筑与南京南站南广场地铁出入口、宏运大道地铁站，全长6.0km。

东环：联系东片区居住小区、商办建筑与南京南站南广场地铁出入口、宏运大道地铁站、双龙大道地铁站，全长7.0km。

西北—东南射线：联系西片居住小区、商务核心区、东南角居住区与花神庙站（景明佳园站）和双龙大道站，全长5.0km（5.5km）。

西南—东北射线：联系西南角居住小区、商务核心区、东北片区与明发广场站，全长4.5km。

（3）落实公交专用路权

设置公交车专用道，有效提升公共交通的运输能力和效率。在双龙大道、宏运大道、绿都大道、明城大道、江南路、六朝路、创新街、农花路、民生路设置公交专用车道，并结合博爱街、诚信街交通组织设置单向公交专用道，详细布设信息如图8-17所示。

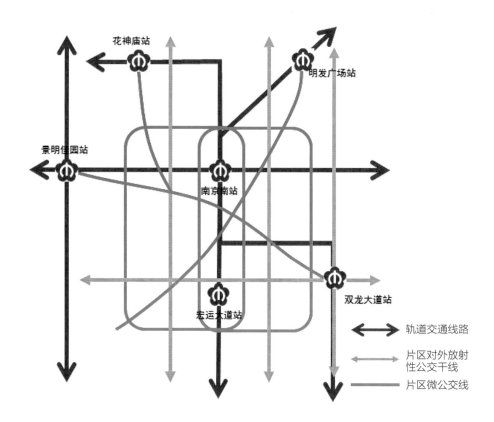

图 8-15　多层次公交网络示意图

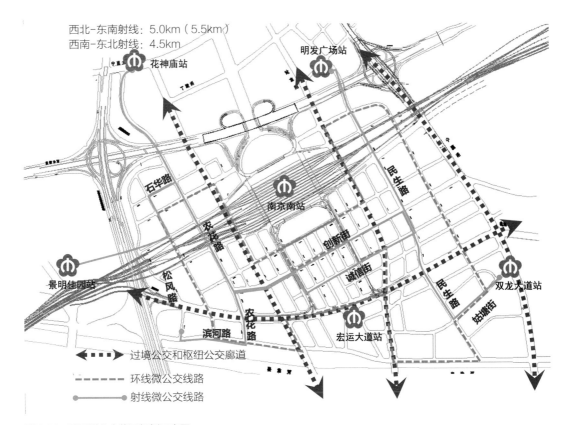

西北-东南射线：5.0km（5.5km）
西南-东北射线：4.5km

图 8-16　片区微公交线网规划示意图

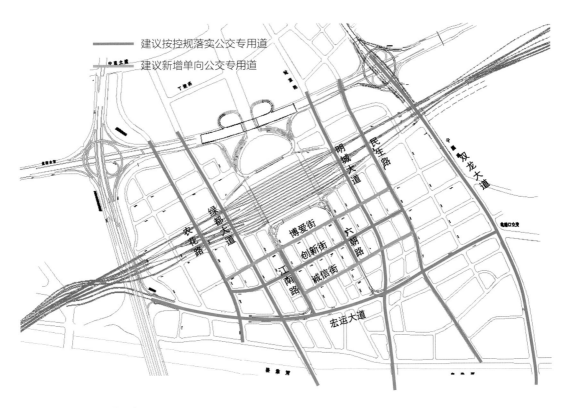

图 8-17　公交专用道示意图

3）南京南站枢纽公共交通客流组织优化

（1）优化导向信息。强调诱导标志的全程式引导，标识牌上增加到目标点的距离，方便乘客进行路径决策，减少绕行、停留和交叉。同时，建议在地面设置彩色引导线，使换乘路径更为清晰明确。

（2）设置铁路—地铁换乘专用通道，通过减少安检次数、便捷换乘，达到节约出行时间的目的。利用北广场地面一层铁路站厅实现与地铁站厅层互通，进而实现"一次性安检"，缩短换乘时间。

4）南京南站枢纽内停车系统优化

（1）提高枢纽内停车场利用率。对社会停车场进行分类，明确P3、P4为主要停车场，P2、P5为辅助停车场。同时，进行停车场内部功能划分，设定停车接客区域、长时停放区域等。

（2）在流量高峰期进行交通管制分流。当主要停车场饱和度达到90%时，封闭P3、P4入口车道，引导车流至P2、P5。

（3）加强行车道上LED标牌的信息引导，实时更新各个停车场的剩余车位，引导车辆合理地进行分流停放。

（4）利用价格杠杆调节停车费用。根据车辆类型实施区别收费，根据停车时长进行阶梯收费，以缓解停车供需矛盾，提高停车位的使用效率。

5）南京南站落客坪交通组织优化

为有效缓解南京南站落客坪的拥堵情况，以优化落客坪交通组织为出发点，设计如下三种交通组织方案，并应用交通仿真进行方案评估与比选。

（1）方案一：双车道模式

落客坪外侧两条车道（车道4和车道5）功能设置不变，其余三条车道，车道1设置为出租车专用道，兼有行驶和下客功能，车道2设置为行车道，车道3设置为下客道，如图8-18所示。每组双车道中，车辆在落客道落客完毕后，不必等待前面车辆离开，可以换道至行车道驶离。同样，车辆可以利用在行车道行驶的过程中寻找空闲的落客区域，以提高整个落客坪的利用率。

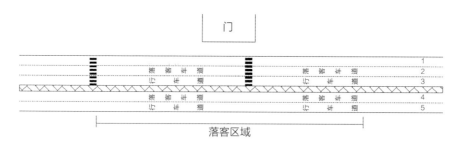

图8-18 落客坪布局设计方案一

（2）方案二：三车道—双通道方案

落客坪外侧4、5车道组织形式不变，拆除内侧三车道之间的所有物理分隔，变为三车道。三车道两侧的两个车道设置为落客道，中间车道设置为行车道，如图8-19所示。取消出租车专用车道，打通车道资源，提高车道资源分配灵活性。

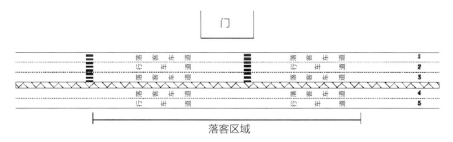

图 8-19 落客坪布局设计方案二

（3）方案三：信号控制方案

设置车道1、车道2、车道3、车道4为落客车道，最外侧车道5为行车道，并在各车道之间设置物理分割。在1～4车道上游位置设置信号控制，如图8-20所示，以车队形式批次放行，车队头车需行驶至落客区域停车线，再统一完成落客。不再设置专门的人行横道，行人在车队统一落客时直接穿越车辆间隙通过落客区域。待前一车队完成落客，尾车开始驶离落客区域时，信号启动放行下一车队。

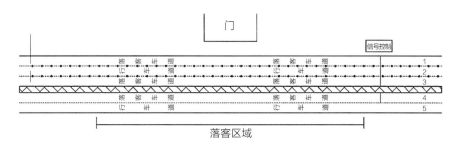

图 8-20 落客坪布局设计方案三

根据落客坪区域车道长度及车速测算，信号最优周期为90s，其中绿灯、黄灯、红灯的时长分别为34s、3s、53s。绿灯时长内保证排队车辆能够全部驶入落客区域，红灯时长保证落客坪区域内的车队能够完成落客行为，当尾车启动驶离落客坪时一个信号周期结束。在实际应用中，可根据交通量的大小改变配时方案，以减小多余的停车延误。

应用VISSIM交通仿真软件对上述方案一、方案二及方案三进行仿真分析，获得车辆平均速度、平均停车次数、平均延误等评价指标。仿真模型中部分参数取值如表8-2所示。

仿真模型部分参数取值 表8-2

仿真参数	数值
期望速度	20～25km/h
停靠时间	均值40s
行人流量	1.5人/车
最大加速度	$3.5m/s^2$
最大减速度	$3m/s^2$

仿真结果如表8-3所示。对比三组设计方案：方案一所采用的两组双车道模式，能够有效地利用落客坪空间，适合中低流量条件下的交通组织；方案二在各指标方面均次于其他方案，主要原因是车道1、2、3的车流交织冲突较为严重，因此不推荐该方案；方案三通过使落客行为更加有序，能够将落客车道通行能力提高至3000veh/h，平均停车次数、平均延误等指标均大幅降低，能够最大程度地对落客坪交通组织进行优化，适合高峰时段大流量条件下的交通组织，但需要更加严格的交通管理以确保车队行驶有序。

VISSIM仿真结果   表8-3

评价指标	现状	方案一 （双车道模式）	方案二 （三车道模式）	方案三 （信号控制模式）
平均速度	7.2km/h	15.87km/h	15.14km/h	15.45km/h
平均停车 次数	9.5次	2.24次	3.89次	1.90次
平均停车 延误	157.8s	27.04s	48.83s	20.23s
平均延误	247.9s	52.85s	81.36s	36.39s
通行能力	1950veh/h	2300veh/h	2250veh/h	3150veh/h

因此，对于节假日乘客到站高峰时段，可采用方案三（信号控制模式）进行交通组织，对于平日的平峰时段则可采用方案一（双车道模式）进行交通组织。同时，加强交通管理，明确仅送站车辆可进入落客坪，禁止接站车辆驶入。

6）南京南站南、北落客坪交通诱导分流

南北落客坪车流量分布不均衡的一个重要原因是缺乏对到达车辆的分流引导。因此，建议细化指示标志，对南、北落客坪进行分开指引，见图8-21。同时完善重要节点位置的标志标牌，增设7处指示标志，见图8-22。

为均衡南、北落客坪使用，还可以在关键节点处采用电子显示标志进行实时诱导。根据南、北落客坪的实时交通状况，为司机提供实时信息，如时间、距离、交通秩序等，引导车流在北落客坪拥挤时分流至南落客坪。不同方案下的推荐分流引导阈值如表8-4所示。

图8-21 落客坪分流指示标志

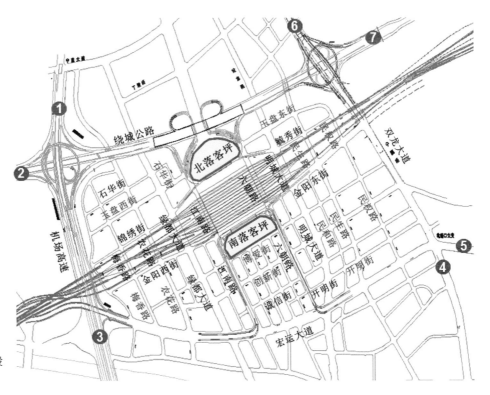

图 8-22　建议增设
指示标志点位图

不同方案下的推荐分流引导阈值　　　　　　　　　　　　　　　　　　　表8-4

指标	双车道模式	信号控制模式
通行能力	2300veh/h	3150veh/h
分流阈值（v/c=0.85）	1950veh/h	2680veh/h

　　电子显示标志可采用LED电子诱导显示屏，通过图形加文字的形式显示诱导信息。当箭头显示绿色时，意味着车辆可以顺利自由通过，当箭头显示红色时，表明前方拥堵。同时，诱导屏还可以实时显示南、北广场下客排队预计等待时间，如图8-23所示。

　　为均衡南京南站南、北落客坪的交通流量、缓解北落客坪的交通拥堵情况，建议新建三处LED电子诱导显示

图 8-23　LED 电子诱导显示屏版面设计示意图

屏，由远及近地布设在驶入南京南站路段的1、2、3点处，如图8-24所示。引导车辆避开拥堵路段，减少进入北落客坪的车流量，提升南京南站落客坪整体服务水平。

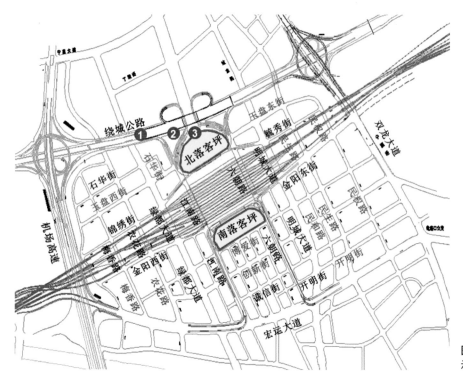

图 8-24 LED 电子诱导显
示屏布设点位图

　　南京南站作为我国长三角城市群建筑面积最大的铁路枢纽，在站城融合一体化交通规划与设计方面做出了有益的探索。围绕南京南站综合交通枢纽，初步形成了内外衔接一体的道路网络以及公共交通与个体机动化交通并重的交通衔接模式。南京南站综合交通枢纽在站城融合实践过程中也暴露出诸如路网连通性不足、内外交通组织不够优化的问题，这些问题将在未来逐一进行改善，从而为我国高铁枢纽与城市交通一体化衔接规划、设计与组织的理论与实践提供经验与指引。

图表来源

除以下特别说明的图片外，其他图片均来自本书作者。

第2章

表2-1、表2-2　何川. 陶家高铁站片区道路交通优化研究[D]. 重庆：重庆交通大学，2019.

表2-3　马睿. 国外高铁枢纽地区交通接驳系统空间布局研究[D]. 南京：东南大学，2011.

图2-7　王昊，胡晶，赵杰. 高铁时期铁路客运枢纽分类及典型形式[J]. 城市交通，2010.8（4）：6-15.

表2-4　周俏. TOD模式在我国高铁站区综合开发中的应用研究[D]. 北京：北京交通大学，2018.

图2-25～图2-35、图2-42～图2-49、图2-51　铁路南京南站片区交通系统规划实施后评价项目.

图2-36～图2-41　张梦可. 基于乘客感知的综合客运枢纽内外交通衔接问题诊断与优化[D]. 南京：东南大学，2018.

第3章

图3-1　https://abra.tuchong.com/19864470/https://www.39cao.com/thread-61451-1-1.html

图3-2　https://699pic.com/tupian-304249747.html

图3-3　https://www.raileurope.com

图3-4　https://www.vjshi.com/watch/5494102.html

图3-5　https://www.ddove.com/htmldatanew/20180403/6e7108312614072c.html

图3-6　https://www.51wendang.com/doc/4237019eeabb314e183b2dfb/2

图3-7、图3-8　https://zhuanlan.zhihu.com/p/367590381

图3-9　http://www.jcgcw.com/news/gongcheng/7/33729.html

图3-10　https://www.wendangwang.com/doc/33024482947793eebec17d6d/3

图3-11、图3-12　覃矞，龙俊仁，宗传苓. 深圳市福田站综合交通枢纽规划研究[J]. 都市快轨交通，2011，24（5）：21-26.

图3-13、图3-14　于晨，殷建栋，郭磊，等. "站城融合"策略在高铁站房设计中的应用与研究——以杭州西站方案设计的技术要点分析为例[J]. 建筑技艺，2019. 26（7）：45-51.

图3-15、图3-16　冯伟，何丹恒，王峰，等. "多网融合"背景下站城一体枢纽规划研究[C]//中国城市规划学会城市交通规划学术委员会. 创新驱动与智慧发展——2018年中国城市交通规划年会论文集. 北京：中国城市规划设计研究院城市交通专业研究院，2018：2469-2481.

图3-17　清华同衡规划设计研究院.

图3-18　河北雄安新区雄安站枢纽片区控制性详细规划.

图3-19、图3-20　清华同衡规划设计研究院.

图3-21　王玮. 中心区枢纽综合体规划布局策略——以前海枢纽为例[J]. 地下空间与工程学报，2015，11（4）：811-818.

图3-22　http://www.qianhaie.com/news/last/2016/0419/166.html

第4章

图4-1　姚鸣，李枫. 高铁诱增运量形成机理与预测技术框架研究[J]. 铁道工程学报，2014（2）：1-6.

图4-3　陶思宇，冯涛. "站城融合"背景下新型铁路综合交通枢纽交通需求预测研究[J]. 铁道运输与经济，2018，40（7）：80-85.

图4-4～图4-6、表4-1～表4-2　张梦可. 基于乘客感知的综合客运枢纽内外交通衔接问题诊断与优化[D]. 南京：东南大学，2018.

图4-7　云亮. 铁路到达旅客离站交通系统配置优化研究[D]. 成都：西南交通大学，2015.

第5章

图5-1　杨凯华，彭艳梅. 枢纽片区交通规划实施后评估及发展启示[C]//中国城市规划学会城市交通规划学术委员会. 交通治理与空间重塑——2020年中国城市交通规划年会论文集. 北京：中国城市规划设计研究院城市交通专业研究院，2020：639-644.

表5-2　韦震，钱晨绯，唐洪雷. 中小城市高铁站点绿色换乘模式研究——以湖州高铁站为例[J]. 宁波大学学报（理工版），2017，30（4）：58-62.

表5-3　郑姝婕，程剑珂，张锦阳，等. 高铁枢纽客流特征与城市交通衔接性分析[C]//中国城市规划学会城市交通规划学术委员会. 交通治理与空间重塑——2020年中国城市交通规划年会论文集，北京：中国城市规划设计研究院城市交通专业研究院，2020：1357-1370.

表5-4　何小洲. 高速铁路客运枢纽集疏运规划方法研究[D]. 南京：东南大学，2014.

表5-6　何小洲，过秀成，张小辉. 高铁枢纽集疏运模式及发展策略[J]. 城市交通，2014，12（1）：41-47.

图5-8　齐超，陈学武，周航，等. 城市常规公交网络连通性能分析与改善策略——苏州案例[C]//中国公路学会、世界交通运输大会执委会、西安市人民政府、陕西省科学技术协会. 世界交通运输工程技术论坛（WTC2021）论文集（上）. 西安：中国公路学会，2021：1385-1394.

表5-9　Kittelson Associates, Parsons Brinckerhoff, Group K. Transit capacity and quality of service manual (TCQSM) [M]. 3rd edition ed. Washington, DC: Transportation Research Board, 2013.

图5-12　张丹阳. 基于站城一体的高铁枢纽公共空间体系及其"公共性"研究[D]. 北京：北京交通大学，2020.

表5-10　马睿. 国外高铁枢纽地区接驳路网布局对我国的启示[C]//中国城市规划学会. 多元与包容——2012中国城市规划年会论文集（05. 城市道路与交通规划）. 北京：中国城市规划学会，2012：191-202.

第6章

图6-1、图6-2　天津西站综合交通枢纽规划. https://www.docin.com/p-111121813.html

图6-3　苏发亮. 铁路南京南站综合交通客运枢纽换乘设计与建设管理的思考[J]. 铁道经济研究，2013，116（6）：76-79，深圳市城市规划设计研究院.

图6-4　天津西站综合交通枢纽规划. https://www.docin.com/p-111121813.html

图6-5、图6-6　王晶. 基于绿色换乘的高铁枢纽交通接驳规划理论研究[D]. 天津：天津大学，2011. 上海市政工程设计研究总院.

图6-7　上海市政工程设计研究总院，现代集团华东建筑设计研究院.

图6-8　陈君福. 铁路客运站与城市轨道交通换乘衔接研究[D]. 北京：北京交通大学，2010.

图6-9　上海市政工程设计研究总院.

图6-10　周世暾. 京沪高速铁路客运站工作组织方案研究[D]. 成都：西南交通大学，2010.

图6-11、图6-12　靳聪毅. 站城融合引导下的当代铁路客站规划设计研究[D]. 成都：西南交通大学，2019.

第8章

图8-3～图8-5、图8-8、图8-13～图8-15、图8-18～图8-23、图8-28、图8-30　铁路南京南站地区综合规划.

感谢所有提供资料、图片的单位和个人（编写组联系邮箱：huaxuedong@seu.edu.cn）